持续专注

刷屏时代的时间管理

［美］罗布·哈奇（Rob Hatch）　著

高李义　译

中国科学技术出版社
·北　京·

北京市版权局著作权合同登记　图字：01-2021-6123。

图书在版编目（CIP）数据

持续专注：刷屏时代的时间管理 /（美）罗布·哈奇著；高李义译 . —北京：中国科学技术出版社，2021.12
书名原文：Attention!: The power of simple decisions in a distracted world

ISBN 978-7-5046-9295-5

Ⅰ.①持… Ⅱ.①罗… ②高… Ⅲ.①注意—能力培养—通俗读物 Ⅳ.① B842.3-49

中国版本图书馆 CIP 数据核字（2021）第 238753 号

策划编辑	杜凡如　褚福祎	责任编辑	申永刚
封面设计	马筱琨	版式设计	蚂蚁设计
责任校对	邓雪梅	责任印制	李晓霖

出　　版	中国科学技术出版社
发　　行	中国科学技术出版社有限公司发行部
地　　址	北京市海淀区中关村南大街 16 号
邮　　编	100081
发行电话	010-62173865
传　　真	010-62173081
网　　址	http://www.cspbooks.com.cn

开　　本	880mm×1230mm　1/32
字　　数	176 千字
印　　张	8
版　　次	2021 年 12 月第 1 版
印　　次	2021 年 12 月第 1 次印刷
印　　刷	北京盛通印刷股份有限公司
书　　号	ISBN 978-7-5046-9295-5/B·76
定　　价	59.00 元

献给我的妻子梅金（Megin）。

你给了我一切行为的驱动力。感谢你给予我时间和空间让《持续专注：刷屏时代的时间管理》一书得以问世。

献给我的母亲。

你充满善良和力量。感谢你提供了一个平台，让我得以从这个平台步入世界。

前 言))

你是否像营销人员那样珍视自己的时间和注意力？

数百年来，营销人员一直都在争夺我们的注意力，这不是什么秘密。但这种争夺带来的风险已经增加，营销人员拥有的能力超乎我们许多人此前的想象。

作为打造第一台苹果手机的团队的成员，Nest①公司的创始人托尼·费德尔（Tony Fedell）坦言对自己的创造性产品所导致的意外结果感到有些遗憾。

"我常常在醒来时一身冷汗，心想，我们给世界带来了什么？"他说，"我们是真的带来了一颗核弹，它所携带的信息可以轰炸人们的大脑并改变人们的认知，正如我们所见的假新闻一样？还是给那些从来不曾拥有信息但现在被信息赋能的人们带来了光明？"[1]

---

① 全称Nest Labs，是一家智能家居公司，由苹果公司前工程师托尼·费德尔和马特·罗杰斯（Matt Rogers）于2010年创立，总部位于美国加利福尼亚州帕洛阿尔托，主要设计和制造驱动传感器、嵌入式Wi-Fi、恒温器和智能烟雾探测器等产品，于2014年年初被谷歌公司收购。——译者注

当然，两种说法都对。毋庸置疑，苹果手机的重要性已经发生了变化。这条通过苹果手机获取信息和知识的途径赋予了人们权利。

但请和一个四口之家待上一晚。那些家长们一边公开反对苹果手机对自己子女产生的影响，一边忙着设置手机里的限制项，听听他们怎么说。结果是，家长与子女展开火力全开的争论导致家庭关系紧张甚至出现裂痕。

当然，具有讽刺意味的是，当家长们试图解决这个问题时，他们同时也在快速查看自己的手机，中断了和子女的重要谈话。

我们此前并没有为此做好准备。这些强大的工具竟会如此迅速地占据我们的注意力，更重要的是，霸占我们的时间，这种现象让我们手足无措。

问题不全源于技术

让我把话说得明白一点。我喜欢技术，而且我也喜欢我的苹果手机。本书中的许多内容都是我在自己的苹果台式电脑或苹果笔记本上撰写的，有时甚至是在我的手机上。我使用的是谷歌文档以及其他应用程序。

我的孩子们都是在上中学时拥有了他们的第一部手机。这是我们的约定。而且，我还和妻子花了好几个小时讨论如何以最佳方式进行有关这一主题的谈话：如何使用手机以及何时使用。

就我个人而言，我认为，尽管手机存在各种缺点，并导致了各种让费德尔先生夜不能寐的问题，但我还是要感谢它给世界带来的所有变革性力量。

让人分心的事物无处不在。这只是其中一个例子。

我写这本书的目的不是告诉你要进行数字产品斋戒。是否进行数字产品斋戒要由你自己来决定，而这正是要点所在。

扑面而来的信息流和噪声让我们应接不暇。但我们可以选择接受什么以及如何引导自己的回应。

我认为我们有些忽视这一点了。我们欢迎源源不断的信息进入我们的头脑。此外，我们还积极寻找信息。在这个过程中，我们失掉了刺激与回应的中间地带。

我相信我们有能力挽回我们失去的一些东西。我相信我们有能力选择将我们的注意力付诸何处，为了何种目的，以及付诸何人。

有一句话人们一直错误地认为出自心理学家、犹太人大屠杀幸存者维克多·弗兰克尔（Victor Frankl）之口①："在刺激和回应之间，有一段距离。这段距离里有我们选择自身回应的权力。我们的成长和自由就在于我们的回应。"[2]

我们做出选择的自由也许是最高形式的财富和权力。

当我们能够有意识地将自己的时间和注意力引向对我们重要的事情上时，我们就能够改变自己的生活。我们能够影响我们职业生涯的发展轨迹，创立一份事业，建立人脉，并加深与朋友和家人的关系。

---

① 作者认为这句话的出处存在争议，请见参考文献2。——译者注

在一个日益被焦虑和压力所累的时代和文化中，做出选择的自由为我们提供了喘息的机会。我们有意识地选择如何集中自己的注意力，这正是我们为对自己真正重要的事情创造空间的方式。

简单决策所产生的力量正始于此。

这种力量存在于我们所见之物和我们所做之事之间的狭窄空间。

不管这个空间多么狭小，我们越是寻找这个空间，就越有能力拓宽这个空间、提升我们的注意力并过上有目标的生活。

目　录
CONTENTS

ATTENTION!

第一部分

现实就是这样

第一章
我们这个“心不在焉”的世界

早晨5点30分，你的闹铃响起。

当然，这不是常规的闹钟，而是你在自己的手机上精心挑选和设定的铃声。

也许你会按下贪睡键，但你更有可能会关掉铃声，并立即解锁手机看点儿什么，尽管你还不确定是什么。

它可能是你前一晚看的赛事的比分，当时你看着看着就睡着了，但你很可能并不是在特意寻找什么，你只是在看手机。

你打开社交媒体，看看里面有什么，浏览几个帖子，然后快速转向电子邮件，因为你刚刚想起自己在等一位客户的邮件。

当你开始浏览收件箱时，另一样东西吸引了你的眼球。这是一封你的老板发来的电子邮件，询问你一直在做的演示文稿的相关情况。这是一个很容易回答的问题，所以你就从床上坐起来，抓起眼镜，迅速进行回复。

你返回收件箱，试图回忆你最初要找的是什么，然后发现你的老板几乎立刻进行了回复。她已经起床工作了，这让你有了一丝愧疚感。当然，她可能也是在床上发的电子邮件。这就是我们平时的样子。

你看了她的回复，她问你今天能不能见面。你迅速查看日程表，发现你今天可以和她见面。这时，你注意到自己忘记了稍后要与一位新客户通电话。

你迅速切换回电子邮件，搜索你与该客户的最后一次沟通，以"恢复你关于这次会面的记忆"。忽然，你感到了些许恐慌，因为你忘了就这次会面向你的老板做出回复。在迅速回复老板、表示你可以和她见面之后，你才想起最初打开电子邮件是为了寻找其他东西。

最终，你找到了你要寻找的东西，快速浏览了一遍。你不必回复，但你决定迅速发送以下内容："谢谢你的邮件。我会快速浏览一遍，稍后给你答复。"

你的闹铃是早上5点30分响起的，现在距离你醒来已经7分钟了。

你又去看老板的电子邮件，以确认会面时间，并将它排进你的日程表。这件事完成之后，你因完成了一件事而舒了一口气，然后又迅速回去浏览社交媒体。毕竟，你需要从你所做的所有工作中抽出身来，喘口气，歇一歇。

你花几分钟时间浏览信息。一位朋友分享了一篇看起来很有趣的文章，于是你开始阅读这篇文章。读到一半的时候，你注意到了时间，现在你已经落后于日程表了。

快速淋浴过后，你开始寻找想穿的裤子，并且在想为什么你连自己最喜欢的鞋子在哪儿都想不起来了。

你最终决定穿"另一套衣服"。但在此之前，你的衣橱已经一片狼藉，五斗柜半开着。在你发誓稍后加以整理之际，你意识到自己落后于日程安排更多了，于是，在一边煮咖啡一边将狗放出来喂食的时候，你开始寻找一顿快捷的早餐。

匆忙之中，你开始对这一天感到焦虑，并决定再次查看你的手机，看是否还有其他需要你为之做好"准备"的事情。

我现在可以停下来了吗？

我知道上述情况听起来很熟悉，因为某种类似的情况，几乎每天早上都会在我认识的所有上班族的家中上演。

接下来我们来做一次思考，这次思考意在理解和应对在我们的日常生活中发挥作用的各种力量，这些力量形成了噪声，并分散了我们对自己所渴望的生活和工作的专注。

这种噪声有些来自外部，但其中最响亮的噪声往往来自内部。

在这次思考后，我们将找到机会利用这些力量以达到自己的目的。我们将利用简单决策的力量重新获得刺激和回应之间的距离，并将我们的注意力引向最重要的事物。

在每章的结尾，我会留下一些我的想法供思考。

我希望它们不仅能帮助你认识到这个"心不在焉"的世界里的各种挑战，同时还能帮助你形成一种有效的方法，助你应对这些挑战。

📮 红点反应

我的生意伙伴克里斯·布罗根（Chris Brogan）说过一句话：

"发电子邮件是向他人传递日程安排的完美方法。"

但完美方法不仅仅是发电子邮件，还包括我们在手机、平板电脑和其他电脑上接收每一个通知。

我们的各种设备上的叮叮声、嗡嗡声和广告横幅把我们控制得死死的。我们用于沟通的大多数软件的默认设置是一有新情况发生就让我们知道。在工作中，我们已经开始接受这样一个事实，即我们需要时刻准备好做出回应并有空闲时间，因此我们允许源源不断的干扰行为夺取我们的注意力。

现实情况已经到了这样的地步：即使什么都没有发生，我们也会本能地查看屏幕上的小红点，看它是否正在告诉我们某人做了某事、某地发生了某事。

我们对红点的反应使我们的生活处于持续的警戒状态。我们的反应是那么迅速，那么顺应本能，结果是，我们在刺激和回应之间几乎没有留下任何距离。

如果你在一家拥挤的餐厅里待过，就会发现，坐在邻桌的某个人收到了一条短信，在你听力范围内的每个人都会拿起他们的手机，查看是不是自己收到了短信。

我自己也这么做过，即使我知道我听到的声音和我的手机铃声不同。

当然，具有讽刺意味的是，我们在四处奔波的过程中，真诚地试图找到刺激和回应之间的距离。我们每天都在追寻它，但它从未变成现实。

我们已经接受了人们的惯常行为，允许每一个我们认识的人在任何时候都可以打扰我们。

我们不给自己时间去定义自己想要的生活。

我们无法选择我们想要的信息传递方式和传递时间，也无法选择哪些通知想要浏览，哪些通知应该过滤掉。

我们没有认识到，我们有能力将自己的时间和注意力引向重要的事情。

当然，我们喜欢将自己的这一疏忽归咎于技术。技术当然有它的责任，但即便有技术的影响，我们依然可以找到做出选择的空间。

也许我们还可以让技术为我们服务。

过量的选择

我们每天都被各式各样的选择淹没。

营销人员以"我们正在让自己的人生个性化"为幌子提供这些选择。他们宣扬的观点是，这些选择让我们得以塑造自己的身份。我们选择的品牌是一个外在声明，它表明了我们所属的群体。

但有一个关于我们的有意识行动的假设。该假设认为，这些选择和特征营造了一种控制的错觉。

但是，从杂货店里的哪种咖啡到哪种口味的意大利面酱，单单是大量的选择就能让人疲惫不堪。

拥有这么多选择的讽刺意味是双重的。

第一，面对这么多选择，我们陷入了困境，最后反而没有做出任何选择。

第二，同时更为常见的是，面对这么多选择，我们选择了快速和便捷，而不是细致周到和目的明确。

简而言之，更多的选择导致我们选择不当。

这不仅仅是因为我们容易做出不那么好的选择。这甚至不是营销人员的错，也许他们错就错在试图利用我们时间紧迫和不堪重负的状态。尽管这两种原因在本质上是事实。

这是因为，在面临可能做出的决定之前，我们没有定义对我们而言什么是好的选择。

而且，我们已经开始接受这样的观念，即我们的购买行为确实是一种定义我们作为个体的自我意识的手段，比如说，我们已经提前确定了我们是那类穿某一特定品牌鞋服的人。

但是，当我们面对折扣鞋的诱惑与信用卡上的剩余额度时，我们会错误地选择消费，而不是存钱。

这并不是对盛行的物质主义的严厉抨击。当我告诉你我喜欢新鞋时，请相信我。

相反，这是一个对这一批评过程加以翻转的呼吁。

这是一个对你自己和你的价值观加以定义的呼吁。

这是一个呼吁，它呼吁你立足于自己最想创造的生活，并将这个呼吁作为一个过滤器，用以做出符合你的愿景和价值观的决策。

时间与价值

我们以自己的利益为赌注声称自己没有时间，却非常乐意沉溺于一整季一整季的《了不起的麦瑟尔夫人》^①（*The Marvelous Mrs. Maisel*）。

我们的消费习惯也不符合我们的长期目标，或者说不符合我们的短期现实也是常有的事。

近78%的美国人储蓄不多或压根没有储蓄，仅靠工资生活[3]。他们背负了大量债务，没有能力应对突发事件。

这些现实情况有可能导致压力和焦虑。然而，我们不断做出使压力和焦虑循环延续下去的决策。更新更好的汽车、船只、房屋，是的，甚至我们的手机等各式各样的消费，让我们背负了过多的债务。

我最近和两个人进行了同样的谈话。一个是我16岁的儿子，另一个是一名成功的首席执行官。

两人都不明白升级手机的流程。具体而言，当你的移动运营商告诉你，你"有资格升级"，他们实际上是在告诉你，你有资格申请1000美元的贷款。相应地，他们会趁机以每月50美元的额度在2年内向你发放这笔贷款，这样你就可以拥有最新款的手机。

这就是我们的决策与目标不一致时所发生的情况。

这就是我们将购物作为一种定义自身身份的手段时所发生的情况。

这就是你的注意力所具有的价值。

更重要的是，这就是你的心不在焉和不知所措所具有的价值。

当各家公司为你提供便利时，对你而言，喘口气，找到空间，

---

① 美国的一部系列家庭喜剧，截至2019年年底已播出三季。——译者注

然后做出决定，或许是个好方式。

以防你认为这一建议是某种针对消费主义的激烈批评，我决定最近对我的手机进行升级。

各家公司确实让事情变得容易了，但我还是喘了口气，只是想来确定这是真的。

调整你的节奏

对许多人来说，日常生活的需求和混乱几乎没有留下什么空间让我们有掌控感。我们的人生似乎总是跳出了以往常规的节奏。这或许就是为什么我们"渴望昨天"——感谢保罗·麦卡特尼[①]（Paul McCartney）。

总有那么一些时候，生活似乎有一种我们可以依靠的节奏。这种节奏让我们知道自己应该期待什么，并帮助我们度过每一天。

就像任何事情一样，这种节奏有时也会不同步。并不是说哪个节拍被跳过去了，而是因为百种其他"乐器"的声音变得容易听见了，真正清晰的节奏已被"要求"的杂音和高音量的"干扰"所吞没。

但清晰的节奏依然存在。

它出现在各个季节。不一定是自然界的季节，甚至不一定是用

[①] 甲壳虫乐队于1965年发行了由成员保罗·麦卡特尼作词、作曲和演唱的《昨天》（*Yesterday*），这是一首巴洛克风格的流行歌曲。——译者注

节假日衡量的季节。但我们可以确定，它出现在人生中事情进展顺利的那些时刻。

以上情况有很多原因。有时这似乎完全是偶然的。我们可能会认为这是星星以某种方式排列的结果。

就像我们意识到周围环境和力量的影响一样，重要的是寻找我们成功的线索以及我们在选择设定节奏方面的作用。

我们的人生和工作生涯已经交织在一起。这两者的持续连接让我们几乎没有空间可以安静地从一件事转移到另一件事。界线已经模糊不清，导致我们觉得自己在人生的方方面面都遭到了欺骗，连自己下一步该做什么都无法真正掌控。

我确信我们每天消耗的信息量正在缩短我们的生命。这种缩短生命的进程可能很慢，但我们为了"保持消息灵通"或娱乐而点击的文章，正在用没什么价值的内容占用我们宝贵的时间。

把你在过去6个月里花在阅读各种评论上的时间加起来，是一天一个小时，2个小时，还是更多？

如果你决定收看你最喜欢的节目或阅读你的朋友在社交媒体上分享的文章，这本身并没什么不好。

但我们不是在做决定，我们是在做出回应和为自己辩护。

几年前，一位名叫佛朗哥（Franco）的客户来找我。

大家都说佛朗哥是一位成功的销售人员，他有时还被认为是所在公司的顶尖销售员，他为他的家人提供了非常优越的生活。在外界看来，他的生活相当不错。

然而，佛朗哥饱受怀疑、焦虑和沮丧之苦。当时，他有顽固的拖延症。但与此同时，他聪明过人、魅力四射。你对他的第一印象是，他是一个你会信任的人，你很快就会把你的生意交给他。

佛朗哥还是一个如饥似渴的读者。大多数成功人士都是如此。他狼吞虎咽地阅读顶级营销人员和销售大师的书籍和博客文章，总是在寻找新的想法或建议。

我们开始合作时，我很快就被他的魅力所欺骗，当然，也稍稍被他表面的成功和永无止境的好奇心所误导。我们最初谈得起兴，他向我提了很多问题，征求我对他刚刚读到的一点最新建议的看法。

但随着我们继续合作，我发现，很明显，阻碍他前进的很大一部分原因是他不断想要获得下一个主意。

他的行动前后矛盾。就工作效率而言，他每时每刻都处于起伏不定的不稳定状态。

但聪明、有魅力且善于打拼的人似乎最终总能找到办法把事情办好。当然，他们也总有做不到的时候。

最终，职场上顺境和逆境的交替循环使像佛朗哥一样的人们疲惫不堪。特别是在一个人的收入来自他所创造的业务时，这样的起起落落会以焦虑形式产生喧嚣的白噪声①。一开始是轻柔的嗡嗡声，后来变成了乏力的拖延回声。

---

① 白噪声是指功率谱密度在整个频域内均匀分布的噪声。所有频率具有相同能量密度的随机噪声均称为白噪声，在文中喻指一类干扰，它们开始看起来微不足道，但最终会带来较大的负面影响。——译者注

佛朗哥遇到的其中一个挑战是他的好奇心缺乏目的或立足点。

他已经说服自己相信阅读就是工作。

他渴望吞下他能找到的每一个关于销售和营销的建议和窍门，这种行为感觉就像是在做研究。但他所有的研究都没有得到持续的应用，他也没有对研究结果进行衡量的办法。

由于他有拖延的倾向，他只是在用这些研究寻找一个快速的解决办法而已。

真正不幸的是他不信任自己。他从来没有花时间去接受自己的个人技能组合。相反，他指望自己能在困难面前借助学习外界的技巧把事情完成，但从未找到一种持续运用自身技能的方法。

在我们的一次谈话中，我告诉他，他不能再阅读任何东西。

我知道这是一个多么古怪的建议。

但在这种情况下，阅读是一个避免执行的借口，它成了一种逃避。他把阅读当作学习或研究。他觉得他正在投入自己的"一万小时"①。

实际上，他所做的是阅读那些已经完成工作之人的故事。

马尔科姆·格拉德威尔[4]（Malcolm Gladwell）提出的"一万小时"这个概念不仅仅是一个数字，也不是指为了获取信息而

① 这个概念来自"一万小时定律"，该定律是作家格拉德威尔在《异类》（Outliers）一书中指出的。"人们眼中的天才之所以卓越非凡，并非天资超人一等，而是付出了持续不断的努力。一万小时的锤炼是任何人从平凡变成世界级大师的必要条件。"他将此称为"一万小时定律"。——译者注

阅读。

它是指你在练习一项技能的过程中刻意追求精通。与技能练习同样重要的步骤是整合你所学的知识并将其融入行动之中。

佛朗哥对信息的不断追求不仅影响到了他的职业生涯，他对分心之事的追求也使他无法享受天伦之乐，甚至无法享受自己的人生。

当然，不阅读并不能解决问题，数字产品斋戒同样如此，但我们必须在信息发送之际对其加以控制。阻止信息流只是暂时的，重要的是接下来发生的事情。

如果我们在一起工作，我问佛朗哥的问题可能与我问你的问题是一样的：**看起来怎么样？**

特别是，**事情进展顺利的时候看起来怎么样？**

佛朗哥的问题和他的顺利时刻有关。

这是关于他的顺利时刻。

在佛朗哥的案例中，我要求他写出他在获得最优质客户时的销售流程。

我想让他写出他的方法，如果他按照这个方法循序渐进，他极有可能完成销售。有趣的是，他从来没有想过他也许会拥有自己的可复制的销售方法。

这里还有一个问题需要我们习惯于问自己：**然后会发生什么？**

当他开始描述每一个步骤时，他就不得不问自己：**然后会发生什么？**

我们一起回顾并完善了他的流程。

我们将各个步骤结合起来，让事情变得更加高效。

他当时的任务是只专注于始终如一地执行他的方法，而不是从外界寻找新的建议或窍门。他不再阅读（至少一段时间内如此）。

几个月后，佛朗哥开始因为自己的表现而获得奖励（和奖金）。他的老板注意到了这一变化。公司里的同事们向他求教，无论是经验丰富的销售人员还是相对而言的新人，都向他寻求方法上的建议和指导。

他受邀代表公司出席国际会议，并最终启动了一项新的业务——指导其他销售人员使用他的方法。

由于他无穷的好奇心，我无法永远阻止他阅读和吞下大量关于销售和营销的信息。

现在，不同的是，他选择有目的地寻找信息和见解。他对自己的使命、价值观以及自己完全掌控的方法有了深刻的理解，他可以根据这一理解把新的见解和自己的方法结合起来。

确立一种意识，明白我们是谁以及是什么让我们获得成功，远比寻找新的建议和窍门以填补由我们的失败所造成的缺口来得有力。

被吸引的注意力

尽管我们不能把红点的吸力完全归咎于技术，但毫无疑问，我们还没有遇到过哪一种事物与强大的红点具有相同的吸引力。

软件公司采用无数心理战术以吸引并占据我们的注意力，而且这些公司有充分的理由。

我们在一款应用程序上投入的注意力和时间直接转化为这些公

司的利润。这就引出了一个问题：如果这些公司给你的注意力赋予了价值，你是否会和这些公司一样珍视你的注意力？

当然，在此之前，电视和报纸的情况也一直如此。约瑟夫·普利策①（Joseph Pulitzer）是一位标题大师，他很早以前就懂得"点击诱饵"这一概念。

如今，各种信息的传播方法要复杂得多。我们能够获取和消费信息的速度已经彻底改变了这个游戏。

我们在收到通知的那一刻就抓起手机，想看看谁为我们的帖子点赞或者留下了评论。而当我们打开应用程序时，可以肯定的是，我们会在那里停留一段时间，陷入注意力旋涡，哪怕我们正在做完全不同的事，甚至可能是在写一本书。

我们都做过这种事。我们甚至都不确定一开始为什么会打开应用程序，然后突然就已经在滑动和点击屏幕了。

每一次点击都会让我们陷得更深。我们阅读的一切都需要更多时间。

不幸的是，事情并没有就此止步。甚至我们在关闭应用程序后，还会把挥之不去的想法带入与朋友和家人的谈话中。虽然与家人在一起的时间听起来很美好，但又有多少时间是花在以这样的句子开始的谈话上："你看到那件事了吗？""你能相信吗？"或者"你听说了吗？"。

---

① 约瑟夫·普利策，匈牙利裔美国报刊编辑和出版人，他是美国大众报刊的标志性人物，也是普利策奖和哥伦比亚大学新闻学院的创立者。——译者注

这些谈话往往不是关于如何和我们的朋友或家人建立有意义的联系。

这些谈话也并非植根于个人的成长，或向前推进我们的商业目标。

并不是说这些谈话没有乐趣或娱乐性，但它们也确实不是非常有用。

老实说，这些谈话并不是关于文章的内容和你对观点的看法，我们进行这些谈话，只是在对标题做出反应。

被刷屏夺走的时间

近年来，各家公司已经开始提供个性化的"刷屏时间"报告，内容是我们花费在手机上的时间。我每周都会收到一份摘要，内容是我如何利用时间以及哪些应用程序最吸引我的注意力。

当我们刷屏时，2个小时就这么轻轻松松地过去了，这一事实真是令人震惊。

当然，我们的平均刷屏时间消耗要高得多，但这里有一些需要思考的数学问题：

182天，每天花2个小时，加起来就是364个小时。这相当于6个月里的15天。

我们每年花一个月的时间消费信息，而这些信息很可能不会给你或你的企业带来任何有意义的帮助。

更多惊人的数字

在一年之中，我们花费728个小时点击标题或在刷屏时浏览这些标题。

我们每天工作8～10小时（大致如此），我们每年花在点击标题或浏览这些标题的时间就是91个工作日。

728/8 = 91。

大多数人每周工作5天，我们每年的刷屏时间就是18.2周。

91/5=18.2。

这相当于我们放弃了一年中超过35%的工作时间。另外，我提到过每天2小时远低于平均水平吗？

"是的，真令人沮丧，罗布。"

我对此表示遗憾，真的很遗憾。

而且我知道，保持消息灵通或进行研究是有正当理由的。而娱乐就是使用技术的一个绝佳理由。

但如果你像我一样，心中对"浪费时间"的界限就会变得模糊不清。

我们很容易忘记时间，并不知道自己正在让多少时间溜走。

我们并没有刻意寻找信息以促进自身的成长或帮助我们解决某个问题。我们只是在随机消费，接受别人给我们的东西。

毕竟，这样的东西被称为"饲料"。

事情不一定非得如此。

给自己空间

这些工具和平台可以根据我们的喜好定制。而我们的工作是确保它充满了为我们服务的信息和资源。

我曾与许多感到注意力不集中的人交谈过。这些人都是聪明人，拥有良性发展的企业。但他们正在经受被海量信息轰炸的疲劳。我们的头脑因负荷过重而疲劳，是因为我们不给大脑时间和空间对它每天接收的信息进行分类和整合。

看看那些数字

当你不知道如何使用自己的资源时，就很难做出改变。尽管这可能令人沮丧，但控制局面的一种方法是好好看看上文那些有关注意力不集中的数字。

注意力不集中是一种症状，它表明有其他东西在起作用，有时候可能是一些合理的分心因素。例如，家人的一场疾病会给我们造成巨大的损失。

然而，我们常常允许噪声左右我们的时间。我们正在将使人分心的因素作为"世道"加以接受，而实际上我们不必这样做。那么，我们该如何做？

首先要清楚我们是如何利用我们的时间和资源的。

走出内疚的阴影

像这样的近距离观察着实让人害怕。

我们知道这么做看起来可能并不是多么合适，而且我们很容易开始责备自己。

在这里，我想提一句罗宾·麦罗林·威廉姆斯[①]（Robin McLaurim Williams）在《心灵捕手》[②]（*Good Will Hunting*）中说过的话："这不是你的错。"

你多多少少存在过错，但确切地说，眼下这样自怨自艾并没有帮助，不是吗？

我总是善于将内疚像枷锁一样带着四处走。我非常清楚我是如何"把自己弄成这样"的，但纠缠于此对我并没有太多好处。说老实话，这是在浪费更多的时间。

然而，直面你身处的位置，是找到一条通往你向往之地的道路的最佳方法。

我们不能沉溺在内疚之中，必须向前迈进。如果你想让事情有所不同，消费更多的信息不大可能成为解决问题的办法。

当然，如果你无法轻松地摆脱内疚，这么做可没那么容易。

---

① 罗宾·麦罗林·威廉姆斯，美国喜剧电影导演和演员。——译者注
② 《心灵捕手》是1997年上映的一部美国励志剧情电影。——译者注

花片刻时间适应这种情况。

你是否每天早上都有那种不堪重负的感觉？

你是否在佛朗哥的故事中看到了自己？

红点反应是否引起了你的共鸣，导致你真的拿起手机来看到底有多少个红点？

我过去如此，现在有时依然如此。

我想让你知道，我与你一样都面临这个挑战，没能幸免。我天生不那么具备条理和效率。我每天都用我现在与你分享的想法、方法和系统①来驯服让我自己分心的事物，它们就像魔鬼。

行动小贴士

如果你能阻断一半进入你大脑的干扰事项，会怎么样？

这些干扰来自何处？

用接下来的24~48小时认识并注意那些你允许进入大脑的东西。

---

① "系统"在本书中指可复制的做事方法。——编者注

第二章
排除使人分心的干扰

我热衷于基于优势发展。

我热衷于接受已被证实有效的东西并将其形成一个可复制的系统。

我说的不是一张处方或一个严格、死板的公式。系统应当是灵活的，它们应当与你一起成长，并适应你周围不断变化的环境。

任何系统的理想起点都是关注对你有用的东西。

"你永远都做不到！"

这句话绝对不会出现在一张鼓舞人心的海报上。

但我发誓，在有些日子，我脑海里最响亮的声音就举着这个牌子。

更糟糕的是，这个对我说话的声音是善意的。它想把我从另一个错误的开始或失败的结束中拯救出来。这是有帮助的，对吧？

如果有一件事在我试图开始做一件新的事时不断出现在我的脑海中，这是那个声音在提醒我不要忘了一长串尚未结束的项目、尚未达成的目标和尚未实现的想法。

我从未做到过。

🔲 别总想着从失败中吸取教训

我们应该从失败中吸取教训。

不过，说实话，我们并没有花时间去真正思考问题出在哪儿，并从我们的错误中吸取教训。

这并不像我们第一次学习什么该做和什么不该做那样简单：

> 触碰热炉子。
>
> 被烫伤。
>
> 知道不要再碰热炉子。

别让我做某些蠢事，效果可能和把舌头粘在冰冻的金属杆上[1]一样糟糕。

这么说也不完全正确，当我学习并形成一个系统时，失败从来不是我的目标。

我不是想逃避什么，我想要的是我可以作为发展基础的东西。

---

[1] 换句话说，千万别说我没有提醒你"冬天千万别用舌头舔金属杆"。这句话是想表达吸取教训离不开思考，别人已经尝试过的显然会失败的事就不要再去轻易尝试了。——编者注

🔲 对失败的误解

从失败中吸取教训的狂热正在让我们失败。

我们通过失败学习的想法遭到了误解和误用。事实上，名人和成功人士的许多名言都在贬低失败这个词。

爱迪生的话可能是在这方面被引用最多的：

> 我没有失败过。我只是找到了10 000种行不通的方法[5]。

仔细阅读这个句子。

爱迪生拒绝用失败一词描述他做过的任何事。相反，他把我们指向了那10 000次尝试和努力。

这就是"从失败中吸取教训"这门哲学的意图和目的。

它是为了鼓励我们继续努力和再次尝试。如果我们真能吸取教训，下一次尝试就不会像之前那样从同一个地方开始。

但为了再次尝试，人们需要回归坚实的基础。

即便是"回归计划阶段"这个说法，也默认你有一个起点。你有一个想法，一个灵感，而在失败中，你至少有过一次尝试。因此，失败根本不是弱势，而是优势。

尝试是一种全新的东西，而你起跳的地面，无论多么狭小和不稳固，仍然是你脚下的基础，是一种力量。

如果说失败有什么作用的话，那就是它缩小了我们的选择范围。如果我们专注于起作用的东西，哪怕只是其中的一部分；如果我们试图以某种方式复制自己的成功，并以新的方式对其加以应用，那我们就是在之前成功尝试的基础上发展。

从失败中吸取教训，更多的是消除不佳的选择并慎重地应用我们的优势，从而取得新的成就。

我们的第一个优势就是我们所处的平台。

🔲 关于"勇气"和自我奋斗者的神话

我们已经接受了"自我奋斗者"这个概念。

我们将这些人奉为偶像，好像他们所取得的一切成就都是他们在面对他人根本不愿意坚持到底的挑战时所体现出来的个人勇气的结果。

当然也存在一些非常鼓舞人心的故事和例子。然而，当我们关注"自我奋斗"的理想时，我们遗漏了某样东西。

一个更加全面的观点无疑会揭示那些成功人士所共有的天赋、机遇以及适度的运气。但这一点并不那么吸引人。

我出生于缅因州中部一座小镇上的一个中产阶级家庭，虽然在我生命中的头4年里，我们住在一间小型活动房屋里，但我们将成为中产阶级。

在我4岁的时候，我的父母在一个安静友善的社区买了一栋不大的房子。

单单是这两种环境就意义重大。我的父母决定在这个镇上生活是有意为之。镇上的学校过去（现在依然）备受好评。选择这个社区也是我父母经过深思熟虑的决定。我们住的地方与抚养我父亲长大的祖辈们住的地方只相隔几栋房子。

我的童年生活很轻松。我聪明伶俐，在学校表现出色。我的父母鼓励我，并为我报名参加体育运动和童子军活动。他们积极参加我们社区的活动，我参加的所有活动他们都会出现。

我父母采取了一种严格但温和的管教方式。我一直都知道界限在哪儿，像大多数孩子一样，我如果越界就会受到惩罚。

但无论如何，我都知道他们是支持我的。我从未怀疑过他们对我和妹妹的爱、关心和关切，我们俩是他们的骄傲。

关于他们的支持，我最清晰的一次记忆发生在我上四年级的时候。父亲当时参加了一个晚间家长会，以了解学校乐队的情况。令我父亲大为吃惊的是，这个夜晚的活动不仅仅是提供信息。学校正在分发乐器，家长们正在做出决定是否要为此支付10%的押金。

当时的押金是60美元，相当于现在我写这本书时的200美元。

当时我只有10岁，但我可以看到父亲脸上的痛苦表情。我很清楚，在毫无准备的情况下支付60美元对他们来说是个负担。

我不知道该怎么办，尽管出乎我的意料，但他还是为我那价值600美元的萨克斯管拿出了60美元。

当然，在我的学校，有些孩子的父母没有带他们参加那个家长会。我知道有些孩子的父母没有能力支付60美元，但不确定我的父母是不是也没有能力支付。

我继续吹奏了4年萨克斯管。我吹奏得并不出色，但也不算糟糕。我父亲在家长会当晚在那个房间里的决定为我打开了一扇门。

我学会了如何识乐谱。

我学会了如何练习吹奏乐器。

我学会了一支乐队的各个部分如何组织在一起并相互配合。

我学会了倾听和服从乐队指挥的领导。

我在各种团体面前表演，在比赛评委面前表演，还在游行庆祝的队伍里表演，跟着队伍穿过我们的小镇。

我不是自我奋斗者。

即使我在自己的房间里独自努力练习并成了一名成功的专业人士，但这段经历中没有任何东西是通过"自我奋斗得来的"。我从一开始就有优势。我有支持我的父母，他们有足够的钱为萨克斯管支付押金（尽管这么做让他们很为难），我有优秀的老师，并且在一个优质的小镇长大。

我并非自我奋斗者。这就是优势。

📇 平台优势

你会注意到，在我学到的事物的清单中，每一样东西都为我提供了一个平台、一个基础，让我能够获得大把其他机会。

- 给予我支持的父母，他们开车送我去参加"乐队之夜"，并为我的乐器支付押金。——平台
- 一所拥有音乐系和师资力量的学校。——平台
- 学习如何识乐谱。——平台

- 在他人面前表演。——平台

虽然这些都不能保证我一定会成功，没有它们也不会导致失败，但事实是，我得到了一个又一个平台，我可以站在这些平台上，并从这些平台踏入下一个可能的平台。

每一个平台都代表一项成就，每一个平台都给了我一个更上一层楼的机会。

读高中时，我没有继续吹奏萨克斯管，选择了追求其他兴趣。下面是没有发生的情况：

- 没人告诉我要"坚持到底"。
- 没人告诉我，我是一个半途而废的人。
- 我并不觉得自己是一位失败的音乐家。

我对平台优势的记忆和积累的教训实际上建立在成功经历的基础之上。

学习演奏乐器是从成功中学习的一个典范。

最基本的是，当你敲击音符时，它们听上去更加悦耳。你可以感觉到其中的差别。

据我的了解，如果我弹错了音符，我不会把注意力放在失败的教训上，而是通过利用我所知道的东西（音符和指法）并在此基础上继续发展来学习。

每一个新音符都建立在这样的基础之上：知道如何持握乐器、

手指放在何处以及尝试不同的新事物。

学习音乐不是从错误的音符中学习和避免失败，而是学习正确的东西并形成某种听起来美妙的东西。

关于意志力的极限一直存在某种争论。我们是否拥有取之不尽、用之不竭的意志力？是否会耗尽意志力？能否对意志力进行补充？

研究表明，在被运用或考验的情况下，意志力实际上有可能枯竭。

在著名的"饼干"研究中，美国著名社会心理学家罗伊·F.鲍迈斯特（Roy F. Baumeister）等人试图了解消耗意志力会产生何种潜在影响[6]。

为了阐明这一点，鲍迈斯特等人要求不同组别的饥饿大学生完成一项任务。

其中一组获得了放置在桌子中央的一盘热饼干。他们被告知可以吃这些饼干，但要完成测试之后才能吃。

另一组获得了放置在桌子中央的一盘萝卜，并收到了同样的指示。

结果表明，获得饼干的那一组在测试中的表现并不理想。

鲍迈斯特等人的结论是，由于不吃饼干需要动用更多的意志力，这对学生的意志力造成了沉重的负担，从而对他们的表现产生了负面影响。

我们暂且接受鲍迈斯特等人的结论，即在目前，我们有可能对我们的意志力储备造成负担。

为了在特定情况下表现良好，我们会想要尽量减少无关的能量消耗，将我们的意志力集中在我们面前最重要的任务上。

因此，问题就变成了"为什么我们会故意让自己承受这种压力？"

既然我们可以清除障碍并更加有效地集中意志力，为什么还要继续允许障碍存在，哪怕是一些看似微不足道的障碍，例如一块饼干的诱惑？

把成功放在你的道路上

肖恩·埃科尔（Shawn Achor）是一位作家、心理学家和积极心理学领域的研究员。在他担任哈佛大学教授时，他开设的课程曾一度是最受学生们欢迎的课程。在他的第一本书《快乐竞争力》（*The Happiness Advantage*）中，埃科尔分享了一个关于自己学习弹吉他的个人故事[7]。

就像我们之中许多努力掌握一项新技能或养成一个新习惯的人一样，他把一切都计划好了。作为心理学领域的专家，他了解人类行为的运作方式，当然，这意味着他比我们中的许多人都有更明显的优势。

像我们中的许多人一样，埃科尔对这一新努力的热情促使他制作了一张电子表格，该表格详细显示了他会在什么时候练习、练习多长时间以及练习多少周。这个计划棒极了。

另外，就像我们之中许多怀揣新目标的人一样，一开始他劲头很足，在最初几天里经常练习。每天晚上，他都会从壁橱里拿出吉他。据他自己说，他正在进步，而且感觉很好。

几天之后，他发现自己不是拿起吉他，而是又回到了旧习惯，坐在沙发上，打开电视机。

他向我们所有人都会妥协的力量妥协了。在一天结束之际，我们疲惫不堪，只是需要放松片刻。因此，在开始任何新的活动之前，我们往往重重地在舒适的椅子上坐下来，并抓起遥控器。

我想说的是，在一天结束之际看会儿电视放松一下本身并没有什么错。除非，你原本有计划做其他事。

一旦埃科尔向他熟悉的旧习惯妥协，他的计划就结束了。

他花在制订计划上的时间可能和他花在认真实施计划上的时间一样多。

听起来是不是很熟悉？对我来说确实如此。

我可以花几天时间制订一项计划，尤其是一项改变一个习惯或养成一个新习惯的计划。我们都经历过这种情况，你也经历过。

好消息是，埃科尔并没有就此停下脚步。

他开始意识到，他停止练习的原因是，坐在沙发上，拿起遥控器并打开电视机，实在是太容易了。而他的吉他却不见了踪影。事实上，它就在壁橱里。

当然，壁橱并非在某个偏远的岛屿上，它就在10～20秒步行就能到的地方。但在漫长的一天结束之际，他已经精疲力竭。

然后他尝试了某种简单到近乎可笑的办法。

他把吉他从壁橱里取了出来，放在沙发和电视机之间的支架上。

除此之外，他还把电池从遥控器里取出来，放进20秒步行能到的壁橱里。

他不只是清除了障碍。从这一刻起，他每天都面对吉他，不必激励自己起身去拿吉他并坐下来练习，甚至都不用再去想这件事。

他让旧习惯更难保持，而新习惯几乎不可能不坚持到底。

这就是我所谓把成功放在道路上的一个例子。而正是那些与埃科尔先生作对的力量，那些与我们所有人作对的力量，使得把成功放在道路上既有用又必要。

把成功放在道路上

确定对成功完成一项任务最重要的因素，并直接把这些因素放在你的道路上，这个过程包括事先排除任何障碍或干扰。

几年前，我是缅因州西部一家非营利性组织的执行董事，我的办公室在离家40分钟车程的地方。那时候，我妻子在家里照顾3个（当时是3个）年幼的孩子。

与许多领导角色一样，特别是在非营利组织中，你需要身兼数职。许多方面都对你的时间有要求，不只是你所服务和支持的员工。

作为一名领导，我希望所有人都能找到我。因此，我宣布实行"门户开放"政策。仔细想想，这是一个存在严重缺陷的方法。这里大约有40名员工，其他地点还有几十名员工。

对我来说，上午的部分时间用来在大楼里四处走动，查看收件箱，就表示"有空"，这是很平常的事。我当时并不知道，但我基本上是在等待紧急问题找到我。当紧急情况出现时，我就会静下心来，并最终投入工作。

当然，正是在这些时刻，正当我开始专注于一项任务时，员工们就会走进我的办公室，要求占用我的一点时间。

由于我实行"门户开放"政策，我会点头同意。他们坐在我办公桌对面的椅子上，开始述说他们需要我给予支持的紧迫问题。

这些问题往往都很重要。我想听到他们的讲述并支持他们。

如果要我说实话，我欢迎这些干扰，尽管事实上我刚刚投入自己的重要项目。

"门户开放"政策的问题就在于此：它允许打扰。

在这些谈话中，我的注意力通常是分散的。尽管我很想与每个人充分接触，但我能感觉到自己一直在进行的项目对我产生的拉力。

正因为如此，我从来没有对我面前的人或者我一直在做的工作投入全部注意力。

我允许这些干扰，并为这些干扰辩解，因为我希望把自己塑造成一个**随时有空**的领导者。

事实上，我把自己的项目推掉了，而且，说实话，我从来没有给对方应有的全部注意力。

当然，当我的工作日接近尾声时，意识到没能专注于自己的工作，会让我喘不过气起来。

我让重要的工作在一天中很晚的时候才找到我，所以在这个时候，我的时间很紧张。

我需要40分钟赶回家与家人共进晚餐，而我知道我可以推到多晚。

我的压力和焦虑加剧了。

我会匆匆忙忙地在一天剩余不多的时间里尽可能多地塞进一些东西。我一直工作到最后一分钟，然后抓起我的钥匙、外套和笔记本电脑，疯狂地冲向门口。

我的办公桌上堆满了尚未完成的项目，我发誓要在第二天早上把它们整理好。但我通常做不到。

听起来是不是很熟悉？

不要误会我的意思。在紧要关头，我的效率很高。

用大多数标准衡量，我是一名成功的领导者。多年来，我成功地"让一切顺利进行"，但我知道，我应该有更好的方法来处理工作。

我有个小秘密，那就是，尽管在办公桌前待了9～10个小时，但我在所有时间或者说大部分时间里表现得都不够高效。

这并不是说我不想表现得高效或不努力表现得高效，只是我不知道如何在那么长的时间里保持我的注意力。

我不明白这么些小决定和我允许（有时候欢迎）的干扰事项如何分散了我对重要事情的注意力。

我每天投入9～10个小时并不是因为工作需要。我之所以这么做，是因为我觉得我有义务对自身效率的起伏不定负责，甚至对自己当天所做的工作隐约感到满意。

事实是，在一天结束之际，尽管我很努力地工作了，但我总是怀疑自己是否真的完成了我应该完成的事情。

更有甚者，知道我第二天还有很多事情要做，这种想法一直在我的脑海里挥之不去。而我总是告诉自己，明天我会解决的。

这就是事实。

我的这些失败并没有解决这个问题。

决定使人分心

研究表明，我们每做一个决定，我们做出后续决定的能力都会受到负面影响[8]。

除此之外，长期以来，我们都认为自己有能力进行多任务处理，但这一观点早已不再是主流。

这并不是说我们不能同时做很多事情，甚至不能说服自己相信——就像我多次说服自己那样——我们可以同时做很多事情。而是鉴于研究，我们对这个概念有不同的理解。

我们知道，我们的大脑并不是同时在积极地管理多个任务，而是不断地在这些任务之间切换。这种切换的代价就是我们的表现会受到影响，并且这种切换还会对神经系统造成不良后果。

> **！决定使人分心**
>
> 研究表明，我们每做一个决定，我们做出后续决定的能力都会受到影响。

作家迈克尔·刘易斯（Michael Lewis）曾为《名利场》（*Vanity Fair*）杂志撰写了一篇介绍时任美国总统巴拉克·奥巴马的文章[9]。文章强调奥巴马深思熟虑地安排自己的一天，以便更有效地将注意力和决策精力集中在对他的角色而言至关重要的事务上。

奥巴马分享了他如何消除琐碎的决定，比如穿什么和午餐吃什么，以便他的决策精力可以用在一天中最重要的决定上。

还有其他关于成功人士消除此类决定的例子。马克·扎克伯格以他的牛仔裤和灰色"T恤衫"闻名。史蒂夫·乔布斯也是基本上每天穿同样的衣服。撇开时尚声明不谈，这些只穿一种衣服的决定是为了不在"当即"的决定上耗费精力。

还记得那个关于醒来、拿起手机、查看电子邮件以及我们面对的其他十几个琐碎决定的故事吗？

当你意识到你花了多少时间和精力考虑东西在哪里、你要穿什么衣服或者早餐应该吃什么时，你是否感到心慌？

每一个琐碎的决定都会耗费我们一点精力。为了在每个时刻做出最佳决定，我们希望将我们拥有的全部决策能力都用在我们生活和生意中最重要的事情上。

因此，我们必须要问一个问题：为什么我们会刻意让自己接受这种能量消耗？

当我们可以去除一些决定，如果不是几百个，也应该有几十个，从而为更大、更重要的事项保留我们的精力时，我们为什么还要刻意把这些决定置于我们面前？

你在忙什么？

在有些日子，可能这样的日子太多了，我们甚至不知道自己该做什么。

当然，总有待办事项清单会提醒我们，但这正是问题所在。问题一直存在，笼罩着我们，成了角落里的蜘蛛网，我们知道它就在那里，却没有精力起身清理。因为我们容忍它的存在。

这个问题就是：有太多事情摆在我们面前，导致我们每天都会遇到这样的时刻——我们想知道"我应该从哪里开始"。

我之前的工作模式是散乱的。

我并不是每天都设定我的任务。上午，我四处搜索，就像某种兴奋的雷达，试图找到我需要做的下一件事。

只不过它几乎都不是我真正需要做的事情。我的雷达是有缺陷的。

我对每一个响声都做出反应，允许每一次干扰占用我的时间，并把注意力放在任何忽然进入视线的紧急事务上。

对我来说，打开收件箱，寻找下一件事，是很平常的事。我可能会仔细翻阅纸质收件箱，或者步行穿过办公室。

这不仅仅是分配一个优先级，而是关于做出与你希望实现的目标相符的决定。

我们从推特（Twitter）跳到色拉布①（Snapchat），再跳到脸书（Facebook），打开电子邮件，刷新电子邮件，回到脸书，阅读一篇文章（至少是其中的一部分），然后再回到推特，在此过程中，

---

① 色拉布是由斯坦福大学的两名学生开发的一款"阅后即焚"照片分享应用。利用该应用程序，用户可以拍照、录制视频、添加文字和图画，并将它们发送给在该应用上的好友。——译者注

我们到底在做什么?

我们花费多个能量周期寻找一个安全的登陆地点,直到我们认为,"哦,那看起来很有成效,我们就从那里开始吧。"

这些软件工具和社交媒体平台本身并不会分散我们的注意力它们只是一种联系和沟通的手段。问题在于我们如何使用它们。

我们允许它们以微妙和"不那么微妙"的方式分散我们的注意力。

每次我们在手机或电脑上收到通知时,我们就会被打扰。即使是静音模式下轻柔的嗡嗡声或者屏幕角落弹出的新信息通知条也能在一瞬间捕获并切换我们的注意力。

我们注意力的每一次切换都是一个决定。每一个决定都分散了你对前一刻正在做的事情的注意力。

在一个心不在焉的世界中掌控自己,需要我们考虑每天都要面对的大量决定,以消除或至少逐渐减少它们。

排除干扰是指尽可能减少你在当下做决定的必要性。

这就需要你明白什么事情在什么时候需要你的关注。你得自己做出选择。

这一点源于你知道什么是重要的、你需要采取什么行动以及让自己做好准备轻松地去做这件事。

这听起来难道不比一整天咬牙切齿要好吗?

这个过程是持续的。

我一直在完善自己处理各种干扰的系统。

最近,我在写作中途的短暂间歇与我的妻子交谈。就在我对她讲话的时候，我的手机收到了两条短信。当然，它们引起了我的注意，不知不觉中，我的话说到一半就戛然而止了，而妻子一直等着我说完我的想法。

原来，我最近添加了一个新的Slack[①]频道，但我还没有为它设置所有的首选权限。

这些信息既不紧急也不重要。它们本可以等，当然不需要我把注意力从与妻子的谈话中移开。

行动小贴士

你现在是如何分配你的决策精力的？你在什么地方发挥意志力可以更好地引导它？

你希望你的一天如何度过？

哪些你持续面对的"当即"决定是你可以尽量减少或完全消除的？

你所持的设备上收到的所有通知都是绝对必要的吗？哪些通知只是你接受的默认设置？

---

① Slack是一个由美国软件公司Slack Technologies开发的专有商业通信平台。——译者注

第二部分

简化的力量

第三章
如何“把成功放在你的道路上”

很多年前，我在一张小纸片上写下“把成功放在你的道路上”这句话。我记得自己当时身在何处，还记得我在那一刻意识到这句话对我意味着什么。至今，我仍然保留着这张纸条。

把成功放在你的道路上是我合理利用时间和集中注意力的方法。它基于3个核心要素，其中2个我在前面已经谈到过：

（1）意志力是一种有限的资源。

（2）决定使人分心。

（3）习惯是一种强大的力量。

我们来回顾一下前2个要素，然后再深入探究习惯。

意志力是一种有限的资源

我们都承认我们有能力调动和发挥意志力来实现一个目标。我们也明白，这么做需要一定的努力和精力。

鉴于此，思考如何有效和高效地运用我们的努力是有意义的，把努力引向你人生中最重要的领域也是有意义的。

决定使人分心

什么东西、什么地方、什么时候、为什么以及怎么做，这些都不是我每天早上睁开眼睛时要考虑的问题。

我不想在一天开始时就在家里四处走动寻找车钥匙，思考早餐吃什么，或浏览手机上的通知。

所有这些行动都需要一个决定，无论这个决定多么微小。

每一个决定都会耗费我们一点时间，无论这点时间多么短暂。

如果每个时刻都被占用，这就意味着我们生活中其他某个部分得到的时间更少。无论是从睡眠、从发展我们的业务，还是从和孩子在一起的时间中占用的时间，所有这些被占用的时间都在累加。

习惯是一种强大的力量

这是把成功放在你的道路上的第3个核心要素。

这并不是说我们完全被我们的习惯所支配。然而，我们天生容易养成习惯。

习惯的名声不佳。好吧，坏习惯确实如此。

事实是，我们如何度过我们的一天，习惯发挥了宝贵的作用。

正是由于我们的习惯，我们不必费神思考诸如我们如何刷牙或者系鞋带的过程。它们根植于我们的肌肉记忆，是我们习惯库的一部分。

习惯实际上可以让事情变得更加容易。它们减轻了我们的思想负担，让我们得以快速度过一天。

习惯为我们提供了一个机遇。

我们如何才能利用这一生物学倾向，使其为我们服务？

我们如何才能持续养成满足我们需要的习惯，让它们像刷牙一样简单，并把它们作为一种集中精力和注意力的手段？

把成功放在你的道路上的基本要求，是考虑上述3个核心要素，并寻找机会利用你对这3个核心要素的理解，让事情变得更加容易。

对你来说，把成功放在你的道路上是什么样的？

🎸 壁橱里的吉他

肖恩·埃科尔的吉他离他平时坐的沙发只有几秒钟的步行距离。

我从未去过他家，但我认为他可以从他坐的地方看到那个壁橱。

他决定把吉他放在沙发和电视机之间，并拿走遥控器，这是利用3个要素中每一个要素的极佳例子：

（1）将吉他放在触手可及的地方，他消除了动用意志力离开沙发的必要性。

（2）把遥控器存放在壁橱里，他排除了在看电视或弹吉他之间做出决定这一干扰。这也让他无须进一步动用自己的意志力来避免看电视。

（3）他利用了一个现有习惯，即下班后坐在沙发上。

这就是简单决策的力量。

这就是把成功放在你的道路上的具体实践办法。

📱 开始一天

我更擅长开启我的一天，这不是什么魔法。我承认，这也并不总是那么容易，但相对来说容易一点。

知道你在做什么以及你需要做什么，确实需要一些准备。

请记住我对办公室生活的描述："门户开放"政策、各种干扰，以及寻觅并等待紧急事件降临到我头上。

这种情况持续了数年之久，直到有一天，事情发生了戏剧性的变化。

那是我们在科德角①（Cape Cod）进行年度家庭度假期间发生的事。你可以想象，我们计划好几天都待在海滩上，长时间沐浴在阳光下，与孩子们一起挖沙坑和玩人体冲浪（指不用冲浪板而以胸腹冲浪），这些都在等着我们。

和我们中的许多人一样，我将一些工作带到了假期中。但我决心确保它不会干扰我和家人共处的时光。因此，我没有一整天背负

---

① 又称鳕鱼角，美国马萨诸塞州南部巴恩斯特布尔县的钩状半岛。——译者注

着工作的负担，而是决定早起将它解决。

当天，我比其他熟睡的家人更早醒来，煮了一些咖啡，拿起我的笔记本电脑，在清晨的阳光下，在甲板上的一张小桌旁开始了我的一天。

我知道我没有很多时间，因此，为了享受我在海滩的一天，我决定只完成3件重要的事。事毕，我会简单地查看一下电子邮件，然后结束，这样我就可以放松地享受这一天了。实际情况是这样的：

- 我连续工作了大约40分钟，完成了第一个项目。
- 我又连续工作了40分钟左右，完成了第二个项目。
- 第三个项目花了大约20分钟。

我查看了一次电子邮件，对几件事情进行了回复，然后合上我的笔记本电脑。这又花了大约20分钟。

就在我结束工作之际，其他家庭成员开始来到餐桌前，他们睡眼惺忪，手里握着咖啡杯。

至此，我得以将上述3个项目悉数完成。

我查看并回复了几封电子邮件，及时与我的家人一起享用早餐，并帮助他们为我们在海滩上的一天做准备。

我们在那里待了一整天。我再也没有查看电子邮件，毕竟，我是在度假。

当我和妻子坐在海滩上时，我发现我在之前那2个小时里所做的事情比我经常在办公桌前工作一整天所做的还要多。

第一天的效果非常好，我在第二天和第三天重复了这个过程。

我在前一晚就选好了我要完成的项目。

我醒来，完成工作，进行日常查看，然后和家人一起度假。

每天，我都完成了工作，身心放松，信心满满，因为我完成了需要做的事情。

休假归来，我得到了休息，同时完成了任务，这至少可以说是一次不寻常的体验。

📱 建立在我的成功之上

多年来，我每周都会与我的好友贝姬·麦克雷（Becky McCray）通电话。我们相互指导，利用这段时间讨论我们正在做的事情，并详细探讨各种想法。

以这样的方式详细探讨各种想法，其价值怎么强调都不过分。

这是反思性实践的一种形式，反思性实践是对一个过程加以回顾的刻意努力，目的是更加深入地理解并获得机会真正从经验或观察中学习[10]。

用美国著名哲学家、教育家、心理学家约翰·杜威的话来说，成年人不是通过做来学习，而是通过反思他们所做的事情学习。

我和贝姬详细讨论了我在假期中的工作以及这次工作的效果为什么这么好。我们把我的方法分成5个组成部分，以便复制这个过程并把它提炼成一种持续的方法。

我永远感谢贝姬把这些想法从我的大脑中激发出来。

正是以下5个组成部分使我得以在去沙滩放松的同时完成了工作任务：

（1）经过计划——我提前计划了我在进入新的一天时需要做的事情。

（2）限定项目——尽管我手头有其他迫在眉睫，甚至更重要的项目，但我将注意力限定在3个具体项目上。

（3）限定时间——我有一段可以用来工作的具体时间。

（4）明确时间——我已经确定了我将在每个项目或任务中投入的确切时间。

（5）不受干扰——我把自己置于一个不会被打扰的环境之中。或许，更重要的是，我决定不允许干扰存在，也不让自己因为查看电子邮件与社交媒体、发短信、接电话或其他分散注意力的事情而受到干扰。

我们在这里把话说得清楚一点。我并没有在一天中的头几个小时里做像治愈癌症那样了不起的事。

我做的事情既不完美也没有什么了不起。我几乎可以肯定我有几次作弊了，我在不应该查看一些东西的时候查看了。

话虽如此，但在苦苦寻找一种更好的工作方法数年之后，我以一种对我而言意义深远的方式体验了一次成功。

尽管我曾日复一日在最后时刻冲回家，我却从未真正"从自己的错误中吸取教训"，但正是我在那次假期中在工作上取得的成功，为我提供了一个平台，让我可以在此基础上成长。

复制成功

在确定了使复制成功成为可能的5个组成部分之后，下一步就是复制成功，并在成功的基础上每天继续努力。

一开始我的做法很简单。我选择只专注于一天中的头2个小时，并以同样的方式持续专注于这2个小时。

以下是我的做法：

制订计划

在每天结束之际，选择在第二天早上第一时间处理的3个项目。

在一张纸的顶部写上标题："成功="。

写出这3个项目，要具体。

限定项目

选择过程至关重要。

选择将你的注意力仅仅集中在3个预先确定的项目上，要明白，在这段时间内，你只能处理这3个项目。

限定时间

在每天开始时留出2个小时。

这意味着每个项目可以获得一段时长为40分钟的时间。

设置这一限制有助于我尝试进行精神上的休息。我知道任务结束在望，到那时我可以继续做其他事情。

明确时间

我首先确定自己将在每个项目中投入多少时间，并确定花在自己的3个项目上的总时长为2个小时，之后，我将这段2个小时的安排添加到我每天前2个小时的日程表中，并严格遵守安排。

不受干扰

这个部分对我来说是最难的。

对我来说，最难处理的也许是由我自己的想法和冲动造成的干扰。

我规定自己在这段时间之前或在此期间不查看电子邮件或社交媒体。

我发现，一开始就让你周围的人知道你在这段时间没有空，这很有帮助。以同样的方式把它想象成一场两小时的会议。

我确立了一些与我的家人共同遵守的规则。比如说，当我进行一个项目时，我的妻子知道我可能会忽略她打来的任何电话。然而，如果她再打电话来，那就是给我的一个信号，表明事情的重要性足以打断我正在做的任何事情。这是我们的规则。

这就是**把成功放在我的道路上**的实践案例。

它有效地利用了3个核心要素。

意志力是一种有限的资源。我运用意志力的方式是尊重我所做的决定和我所确立的规则。我这么做是为了将注意力集中在我之前认为重要的事情上。

把所有事情写出来并放在我的办公桌上，这有助于我不分心或者寻找其他紧急任务。

习惯是一种强大的力量。对我来说，整个设置中最困难的部分就是在前一天写出我第二天的安排，但我每天早上取得的成功会一直支持我在前一天写出第二天的安排。我取得的成功渗透了这一习惯。

决定使人分心。通过写出3个项目并根据5个组成部分来安排时间，我已经消除了任何关于我需要做什么以及什么时候做的不确定性或"当即"决定。

让想法浮现

一个我似乎永远无法彻底排除的干扰就是我的大脑。

它喜欢打扰我，喜欢提醒我一些小事，而且总是觉得有必要与我分享一个新的想法，哪怕是在"不要打扰我的时间"里。

它向我发出一些小小的提醒。在"哦，我得打电话给……"的时刻，我们突然想起某件我们应该做的事。在那一刻，我们停下一切，迅速切换手头的工作，"在我们遗忘之前"迅速拨打那个电话。

这些干扰也分散了我们的注意力。

"我现在就来做这件事，免得我忘了。"

这是我们对自己说的最危险的话之一。

过去，我常常拿起电话，或者转入另一个我突然想起的项目，停下了手头进行到一半的项目。

我可能会说“我很快就会给她发一封电子邮件”。当然，每当我打开电子邮件，我都会看到另外10封电子邮件在争夺我的注意力。

我会想“好吧，趁我在看邮件的时候不妨先看这10封邮件”。

然后，下一个想法和干扰就会出现。

恕我直言，关于个人与组织效率专家戴维·艾伦①（David Allen），我遇到的许多人都误解并断章取义地误用了他的“2分钟法则”——“如果任何一件事可以在2分钟内完成，现在就做”。[11]

从艾伦先生的意图来看，这个法则是有道理的。如果将其作为一般法则，你将止步于一长串2分钟的任务，而永远不会把时间花在重要的事情上。

那么，你能拿这些干扰怎么办呢？

在我十几岁的时候，有人教给我一种特殊的冥想技巧。我的教练给了我一个我至今仍在使用的有用建议，我不仅将其用于冥想，还用于我的工作，特别是在我一天中的头2个小时。

---

① 戴维·艾伦，世界最具影响力的个人与组织效率思想家之一，被普遍认为是个人和企业潜力开发方面的世界级权威专家。他根据30多年的咨询经验和个人探索，提出GTD（Getting Things Done）的自我管理方法，介绍此方法的《搞定I》（Getting Things Done）一书已在数十个国家出版。他也因此被誉为提升工作效率方面的顶级思想家，被《福布斯》杂志评为美国最优秀的管理教练之一。——译者注

她的建议很简单：

这一技巧的目的是清理你的头脑。然而，有一些进入你头脑的想法似乎会干扰这种努力。

我们的自然反应是与这些想法做斗争，试图凭借意念的力量促使它们消失。这实际上会让事情变得更加困难。

想象你面前有一池水。水面起伏不定，更容易受到风的影响。在冥想中，我们的目标是深入平静的水池深处。

当你进入更深处时，自然会有一个想法进入你的头脑。就像一个气泡冒上来，扰乱了池水的平静。

与其与之斗争，不如让这个想法浮出水面并消失。然后，缓缓地回到你的冥想之中。

在你听来，这个做法也许有点做作。也许这完全说得通。下面我要说的是如何应用这个建议保持专注。

捕捉想法

在你低头投入工作任务的两小时里，在你身边放一张空白纸和一支笔。

在你工作时，你会不可避免地让其他无关、随机出现但重要的想法进入你的头脑：

"别忘了某件事在3天后到期。"

"你应该为那个帖子找一张新图片。"

"记得给你妹妹打电话，今天是她的结婚周年纪念日。"

尤其是到"给你妹妹打电话"的时候，我们总是忍不住停下手头的事，拿起电话就要打给她。

与其让这些想法扰乱你的注意力，让你陷入困境，倒不如把它们记在纸上，然后回到工作中。

拥有一个快速且简单的方法来捕捉这些想法，可以消除这些想法对你的注意力施加干扰所导致的更广泛的影响。

现在就把它写下来，稍后再处理。在你的2个小时任务结束后再做。

这就像是想法气泡——让它浮到水面，砰的一声爆裂（抓住它），然后回到你的工作中去。

这一技巧持续帮助我保持专注，并让我确信上述想法是可靠的，我不会迷失方向。

没有什么想法是不能稍后处理或需要你立即关注的，多数情况是如此。

你希望实现什么目标?

每个人对自己希望实现的目标都有不同的想法。有些目标可能是具体的，比如销售目标或收入目标；有些则比较笼统，比如更有条理或更关注当下；其他一些目标可能就像刷牙时不喝水那么简单。

在埃塞俄比亚刷牙

将成功放在你的道路上的第三个核心要素是：习惯是一种强大的力量。

在到访埃塞俄比亚期间，我的亲身体会让我感受到了这一点。就是在那里，我和妻子收养了我们的孩子。

作为到访埃塞俄比亚的游客，我们更容易受到与水有关的健康问题的影响。因此，刷牙和刮胡子从我们无须多想的简单例行程序转变为需要仔细考虑和（恕我直言）计划的事情。

如果我们不够小心，我们过去每天用来保持健康的简单习惯可能会使我们生病。由于我们不能再喝来自水龙头的水，就不得不适应新的用水方式。我们不得不为刷牙等根深蒂固的习惯创建新的系统。

听起来很简单，对吧？

这是我2个月内的第二次到访，我以为我已经驾轻就熟了。我原来一直在浴室洗手池边用瓶装水刷牙，很简单。

使用瓶装水，而不是水龙头里的水。

这个方法很简单。在浴室洗手池边放一瓶瓶装水，这个方法很有效，直到最后一天。

正当我快要刷完牙时，打开水龙头冲洗牙刷和口腔这一根深蒂固的习惯简直太强大了，我居然喝了水龙头里的水。

在旅行的最初几天，对生病的担忧和我为了此次旅行而保持健康的**意愿**一刻都没有消失，所以我做得很好。我始终使用瓶装水。

然而，就在最后一天，当我对生病和生病可能毁掉我们的埃塞俄比亚之行的恐惧消退之际，我变得有点放松过头了。在一个毫无防备的时刻，我犯了错。我在水龙头下冲洗了我的牙刷并把它放进了嘴里，当我意识到这一点时，已经太晚了。

我意识到把刷牙这一行为分解开来可能听起来有点傻。但真正的挑战不是刷牙而是我在努力保持健康。我在试图暂时（或永远，如果有必要的话）用一个新习惯代替一个旧习惯。

意志力只能让我们走这么远。我非常清楚，我不想因为生病而毁掉我们在埃塞俄比亚的时光。当这种渴望随着我们在埃塞俄比亚停留的时光接近尾声而衰退时，这种紧迫感也逐渐消失了，这让我放松了警惕，并让根深蒂固的习惯再次露头。

习惯是一种强大的力量。我想不出还有哪些比刷牙更加根深蒂固的习惯，而且还有某些特定环境线索支持着这一习惯：洗手池、水龙头、牙刷、牙膏和镜子。

决定使人分心。在所有支持旧习惯的环境线索面前，单单在洗手池旁放一瓶瓶装水并不足以改变这一习惯。环境线索的所有其他元素依然存在。

这意味着我必须有意识地记得（并决定）使用瓶子，同时记得（并决定）不使用水龙头：比如说，以某种方法遮盖水龙头，以示不使用它。

消除决定与做出决定同样重要。

开始养成任何新习惯都是如此。

如果我们想要开始每天跑步，一开始，劲头可能很足，因为我们有热情和新意志力来保持体形和变得健康。

我们知道，在努力实现一个目标或改变一个习惯方面，意志力只能让你走短短一段路。你必须考虑如何改变你所处的环境为意志力提供支持。

小事和大事一样重要。

我们在构建自己的系统时，往往倾向于建立复杂的系统。

复杂的系统可能令人印象深刻，但可能难以保持。

归根结底，建立系统的目的是让系统为你服务，而不是让你为它服务。

习惯让事情变得简单

时常重新审视和调整我们的习惯十分重要。在某些情况下，这可能需要我们回归一贯性；在另一些情况下，我们则需要进行更加重大的调整，但这些调整绝不会很复杂。

习惯的养成一开始步履蹒跚，最初，习惯是似乎很难形成的。毕竟，我们是在重新训练自己完成一系列新的任务，以取代旧的例行程序或者以前没有例行程序的任务。

我们的目标始终是设定每个习惯的各个步骤，使这个习惯就像系鞋带一样自然，想要不遵循它几乎不可能。

6类简单的习惯

就我的日常生活而言，习惯基本上有6个类别，几乎涵盖了我们生活的方方面面，这几类习惯可以在短时间内带来相当大的改变：

（1）开始

（2）结束

（3）饮食

（4）睡眠

（5）运动

（6）联系

就这些。这份清单概括了人们日常工作和生活的大部分内容。

如何开始和结束你的一天是你可以养成的2个最强大的习惯。

虽然它们没有特定的顺序，但我实际上会把"结束"置于"开始"之前。如果我圆满地结束了我的一天，如果我完成了"结束"的各个步骤，我就是在为一个卓越的开始做好准备。

饮食和睡眠可能是更难改变的习惯。

话虽如此，但正是睡眠让我为第二天的开始做好准备。我使用闹钟或备忘录告诉自己按时上床睡觉。饮食习惯也许需要最重大的改变，但在最基础的层面，它仅仅意味着遵循我为自己设定的规则。差不多就是这样。

无论你是计算步数，在一天中的部分时间站在办公桌前，还是进行马拉松训练，都无关紧要。运动是另一个几乎在瞬间改变你的感受和行为方式的习惯。

我把自己每天的运动限制在3个选项上，有一段固定的时间做运动。我设定了一个闹钟，还有一个训练伙伴和一项问责检查措施（如果我错过了锻炼，就必须给一位朋友发短信）。我几乎每天都和我的朋友一起跑步。

我几乎每天都和我的朋友约翰联系，还有一些人我每周会见3~4次。我还会安排时间给妈妈和妹妹打电话。我在工作中也建立了一些人脉关系。你也可以把这种建立联系的做法称为"与新想法联系"并养成一种阅读习惯。一切都由你决定。

人们有时会要求我在这个基础上增加更多的类别，但我还没有发现有什么东西无法轻易归入上述一个（或多个）类别。

以下是我听到的一些习惯：

- 每天晚上清空洗碗机。结束——结束你的一天。
- 每周读一本书。联系——与新想法联系。
- 省钱，清除债务。开始——开始为未来做规划。结束——结束为你所购买的东西付钱。

我喜欢简洁。我们总是可以把事情变得更加困难，化繁为简才是我们面临的挑战。本节中提到的6个类别有助于我们制定自己的方法。

清理甲板

清理甲板是一个海军术语，用以敦促甲板水手"清除或固定船上可能松动的任何东西，以便为战斗做好准备。"

这句话中的"战斗"并不是我认为特别激励人或鼓舞人的东西。我个人并不希望每一天都去战斗，这本书也不是关于你和自己战斗的书。事实上，如果可以的话，我宁愿避免战斗。

你的人生中也有许多东西，包括思想、感知和想法。每样东西不是为你和你的使命服务，就是妨碍你正在努力完成的事情。

每个人的人生中都积聚了很多物质上和精神上的杂物。简而言之，你的甲板上有东西。有些是你需要的，有些则是你不需要的。

这些杂物不仅妨碍我们取得成功，有时甚至妨碍我们在一开始采取行动。

我们要清理这些杂物，以便准备好在必要时采取行动。

📋 简化决定

我们在一天中需要做的决定越多，我们在发挥决策能力时就越低效。

许多成功人士养成的习惯之一是定期例行程序，目的是要从他们的生活中消除决定，尤其是最琐碎的决定。

从穿什么、吃什么、做什么锻炼、当天你要进行什么项目等的一切，甚至是战略性的商业决策。它们都对我们的决策和行动能力产生了不利影响。

关键是要找到机会消除我们生活中最基本和最琐碎的决定。好消息是，找到一些简单的领域比你想象中要容易，这些领域的决定影响你的注意力、效率，并最终影响你的自由。

锻炼很难

也许只是我觉得难，但健身似乎是最难养成的习惯之一。

鉴于我们中的许多人都没有达到健身目标，价值数十亿美元的各种企业才正是为了从健身活动中牟利而建立的。

他们打赌你的健身活动会失败，这是他们的财务模式和营销的一部分。

和许多人一样，我已经尝试了不少健身项目。它们都很不错，它们中的任何一个本身都没有问题。每个健身项目我都"没能"坚持到底，这与健身项目本身关系不大。

我只是不明白如何把成功放在我的道路上，也不知道如何基于对"成功要求的纪律的必要条件"的理解确立目标。

我们中的许多人面临的最大挑战在于我们一开始就给自己设置的所有障碍。

这些障碍可以是生理的，也可以是心理的，但它们常常是相互交织的。

我可能想要每天早上进行锻炼。然而，如果我不得不花费精力考虑穿衣服和收拾去健身房所需的东西，我基本就不会下床了。

当我带着健身的目标醒来时，如果我必须寻找健身服，找工作服，收拾包，或找耳机，那么我肯定就不会去健身房了。

当我准备跑步时，如果我找不到一双像样的袜子，或者跑步衫脏了或不在我需要它们在的地方，我不仅不会去跑步，我还会翻个身接着睡。

你可以说我意志力薄弱或动力不足，但跑步的愿望并不足以克服所有这些愚蠢的障碍。

不要误会我的意思，我们每个人都有一些非常令人信服的理由让我们投入某种形式的持续锻炼。

我为你或任何一个每天持续出门锻炼的人拍手叫好。而且我完全有可能克服那些确实非常小的障碍。

话虽如此，但它们一开始就不应该存在。

我如何让自己坚持

也许你已经知道我是如何解决这个问题的。你在想，"这太简单了""我明白了"，你是对的。你很聪明，你的想法很有道理。

开始坚持跑步，每天早上起床到室外去，甚至在我还没来得及考虑之前就这么做，我必须弄清楚"把成功放在我的道路上"是什么样的。

对我来说，坚持跑步的障碍不是跑步行为本身，挑战在于我出门所需的所有步骤。

这就是我首先关注的地方。我全面思考了早上的所有决策点，在起床、穿衣、出门的过程中，我遇到了什么问题？

对我来说，问题通常发生在我必须当即就任何本可以更早做出决定的事情做出决定的时候。

我应该穿什么？

我住在美国缅因州，因此除了要确保准备好衣服之外，我的着装选择还取决于天气。

一句简单的"嘿，谷歌"[1]（"Hey Google"）或在前一天晚上查看Alexa[2]就足以确保我根据情况准备好合适的服装。

我应该带什么？

我喜欢在跑步时听音乐。我还喜欢记录我的锻炼情况。因此我会确保我的手机和耳机充了电，我的苹果手表也充了电。我使用臂带放置手机。目前，我的跑步距离还没有远到必须在跑步过程中补水的程度，但如果我需要的话，我要将水准备好，可以拿起水瓶就走。

我会跑多久？或者我应该去哪里？

这是一个许多人都忽略了的棘手问题。在这一点上，我倾向于一个时间量，2种方法都不错。但这里又是那个简单决策点问题，我宁愿不浪费时间或精力当即做出决定。有一条预先确定的路线和（或）一个时间量是有帮助的。

当然，所有的准备工作都开始于前一天晚上。

---

[1] "嘿，谷歌"是用来唤醒谷歌助手（Google Assistant）的短语。——译者注

[2] Alexa全称"亚马逊Alexa"，是亚马逊公司开发的一项虚拟助理人工智能技术。它能够让使用者进行语音交互、播放音乐、制定待办事项清单、设置闹钟、收听流媒体播客、播放有声读物，并提供天气、交通、体育和其他实时信息。——译者注

查看天气。选择合适的服装。将短裤、运动衫、袜子和鞋子摆开。我甚至会解开我的跑鞋。确保手机、耳机和手表在充电。安排好时间。确定路线并将所有东西紧挨着床边放好。

现在,我每天早上起床就可以去跑步。为什么?因为我不必考虑这件事。不必再经历烦琐的过程:寻找我完成跑步这一简单行为所需的东西。

注意"跑步行为"这个说法。跑步不是目标。目标可能是改善体质,减轻体重,或完成一趟半程马拉松。这不是跑步。跑步是行动,是在实现一个目标的道路上的第一个行动。

当考虑如何把成功放在你的道路上时,焦点并不在最终的目标上。

你正在清除障碍,提前完成使你做好准备所需的所有步骤,并把你需要的一切放在你面前。你正在让实现长期目标所需的第一个行动变得容易且几乎可以自动运转。

这就是肖恩·埃科尔把他的吉他放在沙发和电视机之间时所完成的事情。

📵 不要"一心多用"

当我们试图某一时间专注于一件以上的事情时,大脑就会表现不佳。我们根本不具备多任务处理能力,至少在我们喜欢的思考方式上是如此。我们无法同时处理两件事。

心理学家格伦·威尔逊(Glenn Wilson)在他的研究中表明,多任务处理会使我们的有效智商降低的幅度高达10%[12]。此外，压力激素皮质醇[①]的增加也与多任务处理有关。

当我们向这种冲动妥协时，我们突然发现自己似乎同时在做很多事情，而实际上我们是在从一个活动跳到了另一个活动。

这种不断地切换对我们的大脑和工作效率实际上是有害的。

我发现消除这种"一心多用"倾向的最有效方法就是准备和规则。

准备

说你应该做好准备很容易。我们都明白，并且承认这个概念总体而言是好的。

准备的核心是指在你必须做出决定之前做出决定，并准备好你需要的东西。

我们收到的每一封电子邮件、每一条短信、每一通电话、社交媒体上的帖子、点赞或回复，都在迫使我们做出决定——无论多么微小，它都是一个决定。

准备，提前决定你要做的事并投入时间，意味着屏蔽持续的嗡嗡声，而且你无须对是否在做正确的事情感到担忧。

这意味着你接受了一次只能做一件事的事实。

我的准备工作是选择3个我要做的项目，我还会确定我将在这些

---

① 皮质醇是肾上腺皮质产生的一种激素，叫压力性激素，在压力状态下身体需要皮质醇来维持正常的生理机能，因而也被称为压力激素。——译者注

项目上耗费的时间。

通常情况下，每个项目的时长约为40分钟。

我设定这些项目开始和结束的时间。

我还为每个项目准备了一个计时器。

因此，当一天开始时，我对自己将要做什么不会有疑问。我不会试图回忆我必须做什么。我不会看着我的清单还要决定我该做什么或者当时我想要做什么。所有这些都是提前决定的，这让我有机会开始工作。

我在健身时也是这样做的。我有一个非常具体的计划，我正在用它来实现成功参加铁人三项的目标。

每一天，我的工作就是执行计划。这不是去想我正在做的事情是否正确或者我是否想做别的事情。我只需要让自己进入游泳池，出门上路，或者在新英格兰的冬季坐在骑行台上。

规则

我们都有机会。

让我得以迅速说出 "不行" 或 "行" 的，是我在生活和工作中建立的规则。

规则应用的一个简单日常例子是我们在领英（LinkedIn）上收到的他人想要与我们建立联系的请求。

我们都收到过这些通知。有时候是我们认识的人，很多时候，是同行、同事或竞争对手。

你当然可以对每个请求都表示同意，或者你可以设置一些简单的规则，这样你就更容易快速决定你要接受谁。你可以选择根据你的商业目标有意识地拓展你的人际关系。

源自优先事项的规则

你想如何利用时间？你如何为客户服务？为了换取补偿，你将做什么或不做什么？

其中一些你可能会自动去做。你的目标是有意识地持续做下去，从而做出那些最终帮助你成长的决定。

对我的成功产生了最大影响的决定可能是建立我自己的规则。也许这么说并不完全正确，但遵循这些规则已经使一切大不相同。

以下是我关于"专注"的一些规则：

- 在我结束我所准备的项目时间之前，不要查看电子邮件。从我到达办公桌，直到我完成前一天晚上确定的3个单一用时为40分钟的项目，我都不会查看电子邮件。
- 不要查看任何一种的社交媒体。
- 不要接电话或听语音邮件。

这些是我用来在清晨保持专注的一些规则。我确实会在一天中定期查看电子邮件，但通常是一段有限的时间，我进去寻找特定的信息，而不是浏览（或回复）不必要的干扰信息。

除了这些规则之外，我还有一些用来允许某些干扰的规则。例如，如果妻子打来电话，而我正在做一个项目，我会"忽略"这个电话。她知道我屏蔽了干扰。但是，如果她再次打电话来，我就会接听。这是我们就重要或紧急事件进行沟通的规则。否则，我会在完成工作后给她回电话。

我最重要的规则之一是这样的：我的时间和注意力应该集中在之前我认为在当时最重要的一项活动上。如果我给自己时间去锻炼（或做任何其他类似的事情），我就不会因为没有做的事情而感到内疚。我只是在履行我对自己和我所服务的人的承诺。

制定简单的规则

我始终记不得是罗恩还是保罗第一次对我说："如果你做一件事超过两次，它就需要一个系统。"

想一想你每天进行的所有重复性任务。你是否为它们准备了一个简单的系统？你是否拥有一套为了完成这些任务而坚持遵循的规则？

与其他所有事情一样，确立一个系统和各项规则始于有效的事物。问问你自己：

- 哪些行动对我一直有效？
- 我如何才能将其制定为一项规则？
- 哪些行动会帮助我遵循自己的规则？
- 你是否有一个你每次都会遵循的销售流程？
- 你是否为你的日程表条目准备了一项规则？
- 你是否为你将合作的那类客户准备了一项规则？

● 你是否有用来筛选客户的规则或流程?

长久以来,规则是以"不要"这类字眼打头的。例如,我有一条规则:"永远不要在星期五解聘他人"。

设定这条规则的原因在于,作为老板,我想要让我的其他员工在第二天能找到我,以此评估他们的反应,支持他们,并为未来设定合适的工作基调。

我可能会把我的规则从"永远不要在星期五解聘他人"调整为"在你解聘他人后的第二天,一定要让员工能够找得到你"。

需要我们关注的事情和值得我们关注的事情之间的区别至关重要。

将我们的注意力从无数微小的、让人分心的事物的要求中移开,并将我们的精力和行动引向我们自己选择的方向,这种能力也许是我们可以培养的最重要的技能之一。

把成功放在你的道路上同时认识到了自己的局限性,并利用对这种局限性的认识为自己服务。

消除决定和对我们意志力的外部消耗,并养成习惯,这是基础。

基于这一理解,我们可以建立在我们人生中有效的简单、可重复的系统。

规则的存在是为了支持我们如何使用这些系统,而规则也是我们自己制定的。

行动小贴士

有时候，实现一个新目标的最佳来源是看看你以前的成功。

有没有你如何**把成功放在你的道路上**的相关案例？

你是否拥有一个你可以调整或再次使用的系统？你是否为自己确立了规则？

对比你在工作中和在家里的一天。

审视你一天中的各个部分，并问你自己：我希望一天中的这一部分是什么样子的？

你如何才能排除干扰并将更多的注意力放在重要的事情上？

第四章
你是自身系统的建筑师

　　"你是自身系统的建筑师"，这句话有两个关键部分。我们将分别讨论这两个部分，并关注它们如何共同发挥作用。

　　第一个部分是"建筑师"这个词。

　　第二个部分是你，而更重要的是你的系统。

　　"Architect（建筑师）"这个词源自希腊语"Arkhitekton"一词，字面的意思是"首席建造者"。这是一个很好的提醒，它提醒我们，我们对自己的决定和行动拥有所有权。我们负责"建造"我们想要的经历。

　　在你的一天之中，你的日程安排、你的选择、你的家、你的办公桌、你的桌面、你的软件工具，甚至你选择在手机上放置应用程序的方式，你都是建筑师；你是首席建造者。

　　建筑师是有意图的。

　　他们的设计是有目的的。

　　虽然我们经常想到的是实体建筑本身，即建筑师设计的物体，但建筑师指导并决定我们如何利用或体验建筑物的内部和外部空间。

在最佳情况下，设计是为了唤起记忆，甚至是为了启发他人。

在理查德·H.泰勒[①]（Richard H. Thaler）与凯斯·R.桑斯坦[②]（Cass R. Sunstein）合著的《助推：如何做出有关健康、财富与幸福的最佳决策》[③]（*Nudge: Improving Decisions about Health, Wealth and Happiness*）一书中，两位作者讨论了"选择架构"："人们在环境中做出决定，而选择架构师有责任构建这一环境。[13]"

在我们的日常生活中，选择架构的例子比比皆是。

我们访问的每一个网站和使用的各种应用程序都是为了帮助我们做出决定而设计的。当然，尽管这听起来很有帮助，但决定并不总是对我们有利。

菜单就是选择架构的一个例子。你可曾注意到餐厅通常会圈出菜单上特定的菜品？

这种简单的视觉提示旨在提高这些菜品的销量。而且这个办法很管用。事实证明，对餐厅来说，这些菜品通常拥有最高的利润率。

另一个选择架构的好例子是植入式广告。

我们对此可能不会多想，但杂货商和零售商都深谙选择架构的力量，他们在如何"突出"商品以吸引顾客购买方面是目的性很强的。

即使面对几十种意大利面酱的选择，杂货商（和酱料制造商）

---

① 理查德·H.泰勒，2017年诺贝尔经济学奖得主。——译者注
② 凯斯·R.桑斯坦曾任职于美国司法部、美国国会司法委员会。他的研究领域包括政策管理、宪法、环境法、行为经济学等。——译者注
③ 该书是行为经济学领域的扛鼎之作。——译者注

也知道，将商品摆放在特定货架（高度通常与眼睛齐平）是让人们购买产品的关键。

好的设计或聪明的设计让我们的决策变得集中。设计本身往往会限制我们的选择。即便有几十种选择，恰当的架构也可以缩小选择的范围。

如果做得好，并以服务客户为目标，将是非常有帮助的。但是，我们每天都在以各种不起眼但意义重大的方式让自己被他人创造的架构所引导。

我们接受默认设置，而不考虑我们可能会选择某种其他的东西。

各种强大的力量影响着我们的决定，我们一不小心就会发现自己在意大利面货架之间的过道里流口水，试图选择其中一种普通的酱料。

📇 别让别人替你选择

我们不愿意承认自己很容易受到选择架构的影响，但所有证据都指向这样一个事实，即选择架构是一种影响我们购买行为的成功策略。

此类信息之所以强大，原因有很多：

（1）有些人试图决定我们所做的选择，而我们人生中几乎所有的体验都受到这类人的影响，知道这一点让我们能够看到体验的本质。我们可以享受这种体验，或者至少心甘情愿地进入它。这本身就是一种选择。

（2）我们可以利用这一认识为自己的努力服务。运用我们的理解，我们可以设计环境和体验，以此帮助减少我们的选择，并将我们的注意力引向我们选择的目标。

我们可以建立一个系统以消除或至少减弱我们对植入式广告影响的敏感性，而带着清单和预算进入杂货店就是一个简单而行之有效的例子。

研究表明，当你知道你要进店买什么并且有固定的预算时，你就可以更有效地消除这些影响因素并减少用于采购杂货的支出。

支持我们的系统不需要很复杂。将我们的注意力集中在我们想做的选择上有时就像列一份清单那么简单。

把成功放在你的道路上就是选择架构的一个例子。

在前一天晚上，用我需要完成的3件最重要的事安排我的明天，并把这3件事写下来，这有助于我在开始一天时支持我完成工作。

我在写作时，我身边的那张空白纸是一个可以放置突然进入我头脑的其他想法的地方，它和一套摆放整齐的书架没什么两样，可以说是"安置万物之所"。

我们必须提出（并回答）这样一个问题：我们一天中的各个方面"看起来会是什么样的"？

📑 你的系统

再看一遍这些词。

你是你的系统的建筑师。

乍一看，我们明白其中的意思。我们点点头，并赞同夺回控制权的想法。但是，如果我们仅仅考虑这句话的第一部分，即"作为建筑师"，我们就错过了重点。

这句话的第二部分，即"你的系统"，同样重要。

也许有什么东西对你不起作用。

原因可长可短，但很多原因都涉及以下方面，比如，优先次序没安排好、拖延、缺乏条理或心不在焉等。

有趣的是，我们似乎总是能够更加容易地列出"某物对我们不起作用"的原因清单，而我们就算有也很少能够列出某样东西对我们起作用的原因。

像佛朗哥那样对你的成功进行反思，从而确定一个成功的销售流程，这一点很重要。

然而，他所做练习的重点并不是某种温暖且泛泛的喝彩："不要忘记你很特别，也很了不起。"

它植根于这样一个想法，即我们经常忽视我们已经建立了自己的成功体系这一事实。这些体系是我们可以复制、调整并在其基础上发展以应对未来挑战的系统。

把成功放在你的道路上并不是要成为一个具体的公式，而是要成为一个你可以用来应对具体挑战的框架。

审视你的成功，关键在于认识到你很可能拥有了用以实现自身目标的框架。

有一些方法在过去对你有效，而你可以利用其中一些元素再次取得成功。

当我问人们他们如何成功做到某事时，往往会遇到令人不适的沉默，他们对这个问题不以为意，少数人可能会羞涩地嘀咕道"我不知道为什么，我就是做成了"或者"我很努力"之类的话。

然而，如果我问同一个人他们为什么失败了，那么一系列原因就会脱口而出。

这没什么问题，只是我们并非总是弥合失败原因的差异，而当我们弥合了这一差异时，我们通常是在弥补差距，而不是对其加以反思并从中学习。

通过回顾以往的成就，我们就是从已经证实的成功依据入手进行反思。我们的目标是了解成功的依据并使其适应新的情况。

从"想"变为"行动"

多年来，我一直认为，一旦我的努力（锻炼计划、课程、决心等）失败了，这一努力就结束了。

负面的声音会悄然潜入我的大脑，说："你又来了，你要知道你从来都没有完成过任何事。"我常常被这个声音打败。

有时候，我们需要允许自己重新开始。如果失败，有时候我们需要从别人那里听到答案。考虑到这一点，我允许你在中断的地方重新开始。

我猜每天都有数以百计的想法涌入你的脑海。你是怎么处理它们的？它们几乎可以凭空出现，但又有多少能得到应有的重视？

我们的人生中存在种种干扰，因此我们并不总是花时间考虑这些干扰。即使我们最好的想法出现了也会消失。我们要么冲动行事，要么想法飘忽不定，结果就是无法从想法中获得任何东西。

我们如何把想法变成采取行动的决定？

这看起来是什么样子的？

你知道，我会把一天中出现的主意和随机的想法都记在我身边的一张空白纸页上。

当我腾出时间回顾这张纸时，我需要决定我写下的每件事的下一步是什么。有时候，这项工作很简单。其他时候，则需要更多的思考，我会在我的日程表中为这样的思考腾出时间。

在充实一个想法时，我最喜欢提出的一个问题是"这看起来是什么样子的"。

这是最有用的起点之一，因为它可以迅速让你从一个概念移向制订一个计划。这个问题可以帮你形成实现这个想法所需的步骤和行动。

以你拥有的任何目标或者你希望取得的任何成功为例。问问自己，"这（个过程）看起来是什么样子的？"

几乎在我的每一次商务谈话中，这个问题都会出现。它帮助我们通过仔细思考各个步骤从而做出更好的商业决策。

我们拿出一个想法并详细讨论它看起来是什么样子的。

这个讨论可以把一个想法变成一个行动计划，或者，在某些情况下，它可以帮助我们做出完全不遵循这个想法的决定。

接下来会发生什么？

对于所有的好故事，我们都想知道接下来会发生什么。一连串事件的呈现将（很有希望）让我们得出一个结论。

当你问"那会是什么样子？"的时候，你开始仔细思考行动顺序以及这一行动将如何展开。

还有两个问题可以帮助你制订一个计划：

- 接下来会发生什么？
- 在此之前还有什么事要发生吗？

通常情况下，你在一个过程中确定的第一步并非总是这个过程的第一步。提出这些问题有助于你从多个方面制定这个过程。

你很快就会获得一系列简单的步骤来将你的想法付诸行动。

实际上，在我创建或提供的几乎每一门课程或每一个网络研讨会中，我都使用了上述某种形式的思考过程。

我所采用的思考过程不仅有助于创造和启动，它还是我用来指导你完成这一过程的框架。例如，我们实际上是在向你展示制作一门在线课程的过程。

你自己来试一试。拿出你拥有的一个好点子、一个你需要解决的问题，甚至是一个你想要实现的目标。问问自己："那会是什么样子？"然后看看你能多快想出一系列能让梦想成真的行动。

那么，你的成功之路是什么样的？在你创业、求职和瘦身的过程中，都有哪些步骤？

不要将以下这些包含在内：

- 我有很强的职业责任感。
- 我就是做了。
- 我曾决定。

更加仔细地观察，并通过以下几个方面来思考你的成功：

- 意志力——最初促使你开始的是什么？是什么让你认为需要在那种情况下发挥意志力？
- 习惯——为了取得成功，你做了哪1件、2件或5件事？
- 决定——为了确保全神贯注，你清除了哪些决定？

再仔细想想这一点，让我们回顾一下这5个组成部分：

（1）经过计划——当我进入新的一天时，我知道我需要做什么。

（2）限定项目——尽管我手头可能有其他正在进行的项目，但我的"一天"仅限于做这一个项目。

（3）限定时间——我有一段可以用来工作的明确时间。

（4）明确时间——我大概知道每个项目需要多少时间。

（5）不受干扰——人们不会来打扰我，我也知道我不能用推特、脸书等社交媒体来打扰我自己。

如果你把这5个组成部分进一步压缩，就会发现它们分属3个主要类别：

- 时间——5个组成部分中有2个与时间限制和时间细节有关。
- 选择——5个组成部分中有2个与选择限制和只关注那些限定的选项有关。
- 分散注意力的事物——最后一个类别的根源在于排除分散注意力的事物和干扰。

下面是真正的工作。

使用上面的框架描述在你的人生中起作用的事物。你每天能够完成什么？它是如何与这5个组成部分保持一致的？

如果看起来不完全吻合，也不要担心，我只是想让你从这些角度来考虑。

选择你在一天中想要改进的两个方面。以下是一些你可能会有的想法：

- 电子邮件——不堪重负，占用了我太多的时间。
- 社交媒体——这是我工作的一部分，但我发现自己陷入了困境，还说"哦，我读了一些有趣的文章"来为自己用掉的2个小时辩护。
- 用以启动新业务的一个项目——我得建网站了，我得设置电子商务了，我得撰写合同了，我需要创建新的社交媒体策略了。

基于以下这5个组成部分，建立一个你将如何解决这些问题的框架：

（1）经过计划

（2）限定项目

（3）限定时间

（4）明确时间

（5）不受干扰

罗布的电子邮箱框架

下面我来分享一下我的电子邮箱框架：

（1）收发电子邮件是我在我的2小时"成功="优先事项之

后会做的第一件事。

（2）根据电子邮件的发件人分批进行回复（这可能需要设置过滤器）。

（3）每次最多15分钟。

（4）每天不超过4次。大约在9点30分、11点30分、13点30分和15点30分。

（5）规则：

- 电子邮件不是实时聊天。回复电子邮件之后就赶快去做其他事情。

- 如果处理一封电子邮件所需的时间超过2分钟，它就是一项任务而不是单纯的一封电子邮件。把它移入你的任务清单。

- 不查看社交媒体，也不打电话（这一点可能不适合每个人）。

为此也要把那张空白的纸片放在你身边。当前仍然是需要你集中注意力的时间，当一些想法冒出来的时候，你需要一个地方来放置它们。

对此框架的一些说明：

在过于详细地介绍我如何建立和使用我的电子邮件系统之前，这个例子的重点是要说明我可能如何用不同的方式来处理我的电子邮件。

我接受自己作为自身系统建筑师的角色，并把帮助我在一天开始时处于成功状态的框架应用于其他方面。

你多年的经验赋予了你专业知识基础，这些专业知识不仅体现在你感兴趣的特定领域，而且植根于什么对你有用，以及什么对你无用。

例如，如果你是一位家长，你或许已经学到了一些可能对新手家长有益的东西。

如果你已经在一个组织工作了几年，你可以帮助一名新员工熟悉环境。

作为一名企业主，你可能经历过一些起起落落，而这些起起落落可以让你帮助他人避免经历相同的情况。

也许你对自己的生活或事业持有这样的观点"要是我当时知道我现在知道的就好了"，其他人也可以从这一认识中受益。当然，当有人向你提问或需要你帮助时，你会非常乐意分享你的建议。

你可以问自己什么问题？你目前正在寻求哪些你可能已经有了答案的建议？

你将如何帮助他人？

现在是极富挑战性的时候吗？你有办法处理，或者你希望得到一些帮助吗？

事情就是这样，你已经知道如何开始解决它了。

如果有人带着完全相同的问题来找你，你将能够给出解决这个问题的建议。

你的经验和从前的成功或失败教会了你一些东西。你明白什么是有效的，什么是无效的。

你有你使用的方法或模式。其中一些帮助你获得了成功，你依赖它们；另外一些则使你陷入困境，因此你知道要避开它们。

所以，如果有人来找你，向你描述他们的处境，你会给他们何种建议？

你会如何基于对你有效的方法来帮助他们以不同的方式处理他们的问题？

👤 像给他人提建议一样给自己提建议

支持别人很容易，但要用上我们自己的智慧就难多了。

或许这是因为我们不喜欢这个答案，又或许是我们不信任它。

在寻求建议时，我们的部分职责是首先试图解决问题。

我常常惊讶地发现，当我停下来仔细审视一个挑战时，解决方案就在我眼前。我并非总是能看到解决方案，因为我为"不起作用"的事物所困扰，但解决方案通常就在那里。

下面是一个练习：

开始写一封新的电子邮件，收件人写你自己。在主题栏中写上"需要你的建议"。

写出你所面临的问题或挑战，就好像你在询问一位值得信赖的朋友和顾问。

把它发送给自己。

打开这封电子邮件并回复，就好像你最好的朋友或一位客户在向你寻求支持。

必要的话，让它成为一次对话。要求对话必须清晰明了。

例如：

嘿，罗布——很抱歉打扰你，但我真的需要你的建议。我的新业务现在赚的钱不足以让我离开我的全职工作。我觉得我为了取得成功已经尝试了所有方法，而且我已经厌倦了做两份工作却从未出人头地。这种情况导致了一些家庭压力，而我根本不知道接下来该怎么做。

如果一位同事朋友给你发来这封邮件，我打赌你一定有话要说。

此外，我打赌你会想要问他们几个问题，以便更好地了解他们的困扰所在。

也许你会询问他们的收入来源以及销售过程。你可能还想知道他们到目前为止都做了哪些尝试。

也许你会询问他们来自家中的压力，或者他们是否已经确立了一个收入基准，以确定何时可以放弃全职工作。

你可能会察觉到他们感到不堪重负，你提议帮助他们把事情分解成更容易处理的小块。

重点是你也会腾出时间来支持他们。你甚至可能会安排一个电话或边喝咖啡边交谈，以此帮助他们仔细思考他们的问题。你会就下一步该做什么提出自己的想法。

像任何谈话一样，到最后，你给他们的建议可能不会彻底解决问题。那也没关系。

但这个过程的作用是帮助他们重塑自己的挑战。提问可以帮助他们更清晰地看到自己的选择，并使他们处于更好的位置，以决定下一步该做什么。

我们需要给自己同样的时间和考虑周全的注意力。我们应该以同样的方式尊重自己的需求和挑战。如果我们给别人的建议足够合理，值得分享，那么我们自己为什么不信任它们呢？

我知道你有上述问题，所以不要害怕开口。更重要的是，要确保你做的是你告诉自己要做的事。

📇 反思性实践

反思性实践有助于人们提出正确的问题。什么才是正确的问题呢？

我很高兴你这么问。我会给你一个简短的答案。

正确的问题是这样的问题：问题被提出后，产生的答案会在你努力变得更好的过程中推动你前进。

我知道这有点像一个不是答案的答案。然而，它是正确的。

为了让我们向自己提出正确的问题，了解我们成年人如何学习是很重要的。

当约翰·杜威鼓励人们通过反思进行学习时，他特别指的是成年人的学习。

儿童通过对他们所处的世界产生作用进行学习。成年人需要对他们做过的事情进行一定程度的反思，从而从经验中学习。

反思性实践是唐纳德·舍恩（Donald Shon）于1983年提出的一个概念。这是在约翰·杜威发表上述言论50年后。

反思性实践有许多定义，每个定义都是基于它的应用环境。

出于我们的目的，我们使用以下定义：

在反思性实践中，实践者参与到一个持续的自我观察和自我评价的循环之中，以了解自己的行为以及它们在自己和学习者中引发的反应。目标不一定是像在实践者研究①中解决一个特定的问题或在一开始就确定的疑问，而是持续观察和完善一般意义的实践[14]。

这个定义中的一些内容特别吸引我。

回顾与反思

花时间回顾你的工作并加以反思，这必须成为一种常规的行为，一种持续的实践。

---

① 实践者研究包含一个或多个同时是实践者（例如教师）并且正在研究该实践的人。与其他形式的研究不同，实践者研究的目的是解决问题和加强实践，而不是发展理论。——译者注

明确目标

"目标"不是"解决一个具体问题",而是"观察和完善实践"。就我们的目的而言,这么做很有效。原因是你想要变得更好。像戴尔·卡耐基[①]、史蒂芬·柯维[②](Stephen Covey)和戴维·艾伦这样的生产力偶像都在他们的教诲和方法中提到了要花时间做"每周回顾"(艾伦)或者鼓励你"不断更新"(柯维)。

在这种情况下,我把上文提到的"每周回顾"和"不断更新"看作一个重要的工具,它们在刺激和回应之间创造了一段距离,并将你的注意力引向重要的工作。

但挑战在于,接受这个前提是一回事,能够将其付诸实践则完全是另一回事。

还记得我最喜欢的问题吗?

这看起来是什么样的?

在你看来,反思性实践是什么样子的?

- "事情进展得很顺利。"
- "干得漂亮。"

---

① 戴尔·卡耐基,美国著名的人际关系学大师、美国现代成人教育之父、西方现代人际关系教育的奠基人,被誉为"20世纪最伟大的心灵导师和成功学大师"。——译者注

② 史蒂芬·柯维被《时代周刊》列为影响美国的25位人物之一,所著的《高效能人士的七个习惯》一书影响深远。他教人"捕鱼",帮助数千万人经历卓有成效的人生。——译者注

- "这很有帮助。谢谢你。"

这些都是我在为一小组人举办了一个研讨会后收到的回应。

研讨会确实进展顺利。我知道这些信息很有帮助。人们带着满意的信息和想法离开了。然后我也离开房间，开车回家了。

在开车回家的寂静中，他们的话语和他们的反应变得毫无意义。

我开始意识到，我莫名其妙地错过了目标。

补充说明（也可以说是提醒）：许多人，不是所有人，都在做了某些事之后有某种程度的不安全感。为了缓解这种情况，我们向其他"经历过"我们处境的人寻求反馈和安慰，让他们给我们看法。

然而，大多数人都不愿意对我们进行批评，更不用说对我们进行建设性地批评了。其中一些是我们的文化规范的一部分。但更重要的是，对我们进行批评不是他们的职责。

我的建议是，不要过于深入地进行自我批评，只需对积极的反应心存感激，而不要太过重视他们。

以旁观者的角度获得某种观点，然后加以评估。

那么，我们如何利用反思性实践让自己变得更好呢？

我们如何接受积极的反应并认识到自己的缺点而不在这两者的任一点上投入过多精力呢？

复制有效的行动

我们的内心对话往往是两面的，这体现在我们对自身表现的评估中。

我们通常关注两个问题：我做错了什么？我做得好的是什么？

此外，我们往往过分关注出错的方面。我们认为，而且我们也并非完全是错的：如果我们专注于支持我们的弱点和修复破损的东西，我们就会改进。

照我说过的话说，这样想并没有错。我们的弱点值得关注，我们的错误需要纠正。

然而，我们为了变得更好而寻找的答案极少在出错或不起作用的事物中出现。

要找到答案，要询问"哪些事项进展顺利？"，更重要的是，"为什么？"以及"我如何复制进展顺利的事项？"。

我们需要从详尽地审视自己的失败转向认识并克服它们。我们需要将我们的努力集中于进展顺利的事项上，知道成功是什么样的，并了解我们如何才能复制成功。

奇普·希思[1]（Chip Heath）和丹·希思[2]（Dan Heath）两兄弟在他们2010年出版的《瞬变：让改变轻松起来的9个方法》（简体中文版于2013年出版）（*Switch: How to Change Things When Change Is Hard*）一书中探讨了改变这个话题。更具体地说，本书的副标题也暗示了这个改变。

他们讨论的主题之一是我们痴迷于针对问题的培训，而不是问题的解决方案。

---

[1] 奇普·希思，美国斯坦福大学商学院组织行为学教授。——译者注
[2] 丹·希思，美国杜克大学社会企业发展中心高级研究员。——译者注

　　我们的大脑非常善于发现问题，在我们朝着一个目标努力的时候尤其如此。我们可以发现我们做错的各种事情。我们可能陷入负面话语的怪圈之中，并以我们绝不会用来贬低他人的方式贬低自己。

　　希思兄弟不仅列举了个人改变的例子，而且列举了重大文化变革的例子，这种变革的实现方式不是关注一个群体中的大部分人没有做的事情，而是关注少数成功人士所做的事情，即"亮点"[15]。

　　突出起作用的方面，把成功人士的行动和方法作为我们想要看到的行为的典范，这将使改变更加容易实现。

　　如果你正在找工作，是阅读一份"不要做的事情"的清单有帮助，还是追随那些已经得到聘用的人的脚步并复制他们的做法有帮助呢？

　　如果你正在改善你的健康状况，让教练指出你的不良跑步姿势或游泳姿势的缺陷是否有帮助，又或者，教练们是否会帮助你了解并模仿正确的姿势？

　　回到我举办的研讨会上来，我离开时的总体感觉是一切都很顺利，但我开始觉得我似乎并未以自己原本希望的方式传达信息。

　　经过反思，有些时候我注意到信息是无效的，或者大家参与度不高。虽然大多数人带着一些有价值的东西离开了，但我可以看出来，我没能让他们的行为发生改变，而改变他们的行为才是我举办研讨会的目标。

　　如你所见，我关注的是进展不顺利的事情。

　　同样，这并没有错，但它不一定能解决我的问题。它并不能帮我在下一次举办研讨会时改进或改变我的方法。

如果我们将目光转向获得改进的灵感和启发会怎样？

- 研讨会的哪个部分进展顺利？
- 你当时在做什么或说什么？
- 你注意到了观众的哪些情况？
- 为什么你认为研讨会进展顺利？

这些问题的目的是帮助我认识到什么是有效的，以便在未来加以复制。

让我们运用这个框架来反思这次研讨会。

哪些部分进展顺利？

当我对演讲材料感到轻松无压力的时候，我觉得自己好像和观众建立了联系。

你当时在做什么或说什么？

在前一周为另一个小组举办的3场会议期间，我同样讲得非常具体，还提供了一个循序渐进的指导过程。

你注意到了观众的哪些情况？

在这些时刻，观众更加投入，提出了更多问题，并在我（以及其他人）发言时做笔记。

当我用个人的例子来介绍新的想法，并找到将信息置于情境中的方法时，观众也更加专注和放松了。

如果我再次介绍相同的信息，我会：

（1）回顾并排练较新的演讲材料。

（2）使用看上去最能引起共鸣的框架：

- 提出各种概念

- 说明这些概念的个人故事

- 提供循序渐进的指示或行动方案

在反思性实践中，我选择关注那些询问"哪些内容进展顺利"的问题。

为了更好地理解我的行动是如何对反思性实践产生影响的，我问了一些观察性的问题，比如：我说了什么或做了什么，我注意到了观众的什么反应，我认为哪些方面进展顺利以及为什么。

通过此举，你可以提出一个简单的框架以及一个为下一次研讨会制订的计划：

（1）为了改进，我们必须问那些帮助我们变得更好的问题。

（2）为了提出正确的问题，我们需要考虑时间和空间。

（3）践行反思性实践的习惯，我们能够在其中检查自己的表现，这对成长至关重要。

（4）我们有一种二分法思维（什么是错的/什么是对的）的倾向。

（5）我们对自己的失败给予了过分的重视。

（6）将我们的注意力（和问题）集中在我们的成功上，这为我们提供了一个在其他领域复制成功的框架。

📇 成为你自己的助手

一位好助手的价值再怎么强调都不为过。让某个人为你的一天做好准备，好让你在需要的时候得到你需要的信息，这将使你的生活和工作容易许多。

有了这种程度的支持，你的工作日会有什么不同？

用好日程表

"你与……有一个会议"和"这边走，先生（女士）"是高层管理者的助理们最常说的两句话。

他们的日程安排往往是提前设定好的。目的地和位置已经确定。他们没有必要考虑这种层次的细节，这就为重要的决定留出了更多时间。

我认为许多人拒绝这样安排自己的一天。然而，我们许多人苦苦抗争的不就是如此安排的一天吗？

我们说我们很忙，但我打赌，我们言过其实了。我们的主要问题更多的是关于下述决定和干扰：下一步该做什么以及应该把注意力集中在何处。

就我个人而言，我认为把这些事情确定下来是相当解压的（如果不是那么苛刻的话）。一位助手为我准备好一天所需的信息并将其安排进我的日程表，这种想法相当吸引人。

出行信息，笔记，参会人员的联系方式，一份销售电话表（包括要给谁打电话、对方的号码以及每个人的情况说明），准备好所有这些都是为了在一天中从一个重要的任务切换到另一个重要的任务。你总是在离开时觉得你做的正是自己想做的？这听起来棒极了。

你我可能都没有这种程度的支持，但这并不意味着我们不能从这种运作方式中获得一些线索。

提前决定

我努力从我的生活中消除尽可能多的决定，因为那些关于穿什么和吃什么的琐碎细节都会妨碍更重大的事情。提前做出决定，确保我们需要的一切都准备妥当，这会让我们在早晨轻松很多。

填满你的日程表

虽然我没有用会议或电话把我的日程排得满满当当，但我确实会安排好我一天中的所有时间，以便更加慎重地考虑如何利用时间。

我还会安排我的空闲时间，以便我能更好地加以利用，哪怕这意味着在一天的中途安排一次小睡或散步。这远比在计划外的时间随意浏览网页和浏览社交媒体来得好。

使用你拥有的工具

你的电子邮件有过滤器，它们可以将信息发送到特定的文件夹。花一点时间把它们设置好，你就可以在各个文件夹中找到你想要的东西。

你的日程表上有地点、联系方式和会议记录等栏目。填写这些信息意味着无须在收件箱中搜索电子邮件或在你拨打下一个电话前2分钟搜索电话号码。

这并不是说你不需要在前期做一些工作，但设想一下你希望助理为你准备好什么。

哪些信息在你需要的时候对你最有帮助？在一切都安排妥当的情况下，你的一天会是什么样的？

我只是猜测，但我打赌，这将帮助你把注意力集中在最重要的事情上。

我们需要时间和空间重新开始、恢复精力。

通过布雷泽尔顿触点中心[16①]（Brazelton Touchpoints Center），我第一次正式接触了反思性实践。

在这种情况下，反思性实践被用作一种不断整合和深化触点方法应用的方法。

在你的工作中，反思性实践可以被用作一种手段来改进你做出

---

① 该中心的创始人托马斯·贝里·布雷泽尔顿（Thomas Berry Brazelton，1918—2018）是世界儿科学和儿童发展领域的前沿专家、哈佛大学儿科学荣誉教授，他的触点（Touch points）理论作为儿科学和儿童发展领域的重大成果，已在欧美各国的儿童临床实践广泛应用。2013年，为表彰他在儿科学领域做出的贡献，美国前总统奥巴马授予95岁高龄的他"总统公民勋章"。——译者注

更好决定的方法。

方法与练习

这是部分方法和部分练习。方法是你为了支持你的工作而建立的一套框架，是你把成功放在你的道路上的具体方式。

练习有两种方式：

> 第一种方式存在于你每天的工作和生活之中。它是使用你建立的框架来利用和支持你在生活的方方面面做出的决定的行动。
>
> 第二种方式存在于你的准备之中。它是为第二天做计划的行动和习惯。

与运动员、音乐家、演员或其他表演者不同的是，我们不能一直将我们的工作与练习分开。我们不是都在为下一场比赛、竞赛或开幕之夜做准备。我们似乎没有资格说我们今天的练习是为其他事情做准备。除非我们真的是在准备。除非我们真的这样做了。

工作即练习

大多数运动员每天都会去工作。他们每天都会出现在练习场地、游泳池或健身馆，做使他们能够在被派上场时发挥出水平的工作。他们或他们的教练已经为他们建立了一个框架。他们履行例行程序，他们知道这些例行程序将帮助他们获得成功。

当他们在框架内完成每一项例行程序时，他们也会在心里记下哪些有效，哪些无效，哪些需要以不同方式进行。

他们的工作就是他们的练习。他们每天所做的例行程序是一名运动员的"工作"的一部分。在他们的工作日，他们会做笔记，会有想法，会当即反思他们下一次需要以不同的方式做什么事情。

在某一时刻，他们的笔记必须由他们和他们的教练加以审查，并做出调整。他们还会为第二天制订新的计划。

这听起来是不是很熟悉？

我们关注的焦点是成功，是我们做得好的事情。虽然我们不会把头埋进沙子里，对我们的失败视而不见，但我们专注于在有效的事物上发展，因为它给了我们某种动力。单单问你自己这样一个问题——"之前什么对我有效？"，就是一种反思性实践的形式。

我想说，如果你考虑到问自己"之前什么对我有效？"，你就已经在使用反思性实践了。

最简单的反思性实践

最简单的反思性实践可以在一天结束之际为第二天做准备这一习惯中找到。花点时间回顾你在一天中完成的工作并写出第二天的计划。这是一种**将成功放在你的道路**上的行动。

为此，我每天使用两个工具：日常工作表和就绪列表。

我的每日流程的收尾很简单：

- 把一张新的日常工作表放在面前。
- 工作表顶部的空间被我标上了"成功="。

- 这些是为我计划为2个小时选择的3个项目而准备的。
- "成功="是优先事项。

以下是我的就绪清单。

这是我们都有的正在进行的任务清单。我把它们都放在一个地方，放在工作表上。我不使用软件对其进行管理，而使用我的工作表。

每天我都手写出我的日常工作表。

如果某件事当天没有完成，我就把它移到第二天，再次把它手写出来。

这样做的目的很简单，但很有效。

如果你写同样的东西很多次，你就会把它列为优先事项，或者把它作为不必要的东西丢弃。

这样一来，每一次我写出我的日常工作表，我都在进行一种反思性实践。它迫使我重新考虑日常工作的重要程度。

使用空白页

我谈论过这个话题，我把空白页看作让我得以在一天中保持专注的重要工具。

我使用它的方式是将其作为一种捕捉想法的方法。当我投入一个项目或写作时，我会记下那些通常会分散注意力并把我引向不同方向的随机想法。

有时候，空白页的内容只是我需要记住的。然而，它也是我用以进行反思性实践的工具之一。

空白页是对我践行的系统或方法加以改进的想法的来源。

空白页是我快速为其他正在进行的项目捕捉新灵感的地方。

我无法让大脑停止运转，但我可以控制自己从一件事切换到另一件事的冲动。

这就是空白页在当下的使用方式，但反思性实践出现在我对其进行回顾的时候。

使用空白页充其量是在一天中的几个时间点上完成的。

第一个时间点是在我2个小时的专注时间结束之际。当然是在短暂的休息之后。如果在这2个小时里，突然出现了一些需要添加到我的日常工作表中的提醒，我会去添加它们。

第二个时间点是在一天结束之际为第二天做准备的时候。这些记录就是在此时被添加到工作表中或者被记下来以备将来之需。

这两个时间点为反思性实践、回顾、反思以及为第二天做准备提供了一个简单的框架。

自己进行反思性实践

反思性实践这一概念不仅重要还很关键。

拥有一位教练可以为反思性实践这一过程提供帮助和支持。我正是以这样的方式发挥教练的作用。

但我们也可以将反思性实践纳入个人的、持续的、每周的回顾练习。

就目前而言，简单一点。

在一天结束之际，给自己时间进行回顾和准备。我保证，一旦你浅尝此事，你就会想办法做得更多，付出更大的努力。

当你在这个过程中指导自己时，请记住以下几个句子：

- 它会是什么样子？
- 它曾经是什么样子？
- 它为什么有效？
- 它为什么无效？
- 是什么阻碍了我？
- 要让它有效，我需要做的第一件事是什么？

提出问题，并注意倾听答案。

评估、舍弃并完善

罗恩·胡德（Ron Hood）有一股巨大的力量。在我的整个职业生涯中，我以某种身份与胡德共事的时间比其他任何人都要长。

我第一次聘用他是在一家非营利性组织。他负责招募、筛选、面试高中生导师，并将他们与小学生进行匹配，这是"美国大兄弟姐妹会"①（Big Brothers Big —Sisters of America）项目的一部分[17]。

———————

① 美国大兄弟姐妹会（BBBSA）是一个慈善组织，该组织通过与成年人建立导师关系，帮助儿童充分发挥自身潜能。参与该组织的儿童将被指派一位大哥或大姐，后者同意担任导师和榜样的角色。该组织除了在美国各地广泛开展业务外，还在国外开展业务。——译者注

胡德天生是一个适应系统的家伙。在许多方面，他都让系统看起来很轻松。我知道这并不容易。他工作很努力。但为了化难为易，他花时间建立那些使他的生活变得更加轻松的系统。

我从他身上学到了很多，特别是关于如何评估、舍弃和完善的学问。

胡德的招募故事

每年9月，随着新学年开始，都会有一些似乎非常适合用来招募导师的活动。新生陆续到来，新生介绍会、加退选期①和家长之夜都在进行。胡德会参加许多这样的活动，并为他的学校教练计划创建一个信息与招募表。

胡德非常珍视自己的时间，不愿意把时间浪费在没有结果的事情上。

话虽如此，但当他开始与一所新学校合作时，他还是会撒下一张大网，评估结果，抛弃那些无效的东西，并完善方法。

评估

你可以想象一下表格的样子。呈现高中生指导儿童场景的图片、一碗免费的糖果、说明该计划的小册子、鼓舞人心的故事、统计数据，当然，还有申请表。

---

① "加退选期"指开学初选课以及不想选了又退掉的那段时期（一般是新学期第一周）。——译者注

这些人是高中生，你也可以想象，很多人会走过去，问一些问题，拿走一些材料，甚至可能是一份申请表。

我曾听过其他协调人根据一只空空的糖果碗来评估他们的夜晚。他们会兴奋地回忆自己是如何与"这么多"高中生交谈的，他们的声音都嘶哑了。看到桌上留下的几小撮小册子和申请表，他们会认为那个晚上是成功的。胡德则不然。

胡德与众不同。他热爱这个项目，喜欢与潜在的导师接触，但他同样珍视自己的时间。

每次活动，胡德都会追踪4个简单的指标，以确定活动在多大程度上取得了成功：

（1）有多少孩子领取了申请表。

（2）有多少份已被领取的申请表在截止日期前被送回。

（3）在返回的申请表中，有多少人成功参加了面试。

（4）有多少人通过面试进入匹配阶段。

他在每个学区都为每一次活动跟踪这些信息。

他把这些信息记录在一个简单的电子表格中（这个电子表格最终变得不那么简单了，但这是后话）。然后，掌握所有这些数据后，他暂时把它放在一边。

胡德继续在这一学年培训导师，监督师生配对，并专注于为每对师生提供支持，以帮助配对的师生建立牢固的关系。

舍弃

在学年末，在结束夏季的项目和配对之后，胡德开始了他的分析。

手握每一次活动的4项结果的数据，他很容易就确定了哪些活动对他而言是最成功的。然后，他毫不留情地舍弃了那些根本不值得努力的活动。

之后，胡德将他的精力重新集中在那些结果最佳的活动上，这些活动的成果为下学年伊始做好了准备。

操作起来很简单，也很有道理。

然而，他是团队中第一个（也是唯一一个）如此行事的人。

对其他人而言，这似乎是一项很繁重的工作。为每一份申请表编号，写下每位领表者的名字。追踪此人是否归还了申请表，更不用说追踪他们是否通过了筛选、面试和匹配……

这是很大的工作量，但因为他创建了一个系统，因为他做了评估、舍弃和完善，他在没有产出的事件上花费的时间更少，而有更多的时间去做其他事情。

而其他人满足于将一个小时又一个小时、一年又一年花在这些活动上，却从未真正得知这些活动在去年的结果，甚至不知道这些活动是否值得他们花时间。与此形成鲜明对比的是，胡德取得了这样的成绩：

- 管理的师生配对比其他所有人都多。

- 筹集的私人捐款比其他所有人都多。
- 从资助机构获得的财政支持增加了一倍以上。
- 受邀成为联邦拨款合伙人。
- 获得为他的导师们提供免费巴士交通的机会。

完善

胡德还是一位了不起的记录者。每个学年，他都会做这样的笔记：

- 需要将X加进申请表。
- 想要跟踪每个学校的匹配时间。
- 在面试表中添加新的问题。

胡德的流程始终让我感到惊讶的是，他并没有立即做出重大改变。

他收集数据并做笔记。他想观察他的系统走完整个流程，并再给它一点时间。

他相信他创建的系统并让它发挥作用。当然，他在几处做了一些简单的调整，但并未对系统的核心要素进行真正的大规模改变。他只是一直在做笔记。

正如他收集的关于每次活动的数据一样，在进入下一学年之前，胡德会做出必要的改变，以便更加高效和有效地履行他的工作。

我们经常在没有充分了解效果或影响的情况下，就在中途做出改变。

我们对系统进行调整，是因为它们似乎并不合适，但说实话，我们评估的是什么？我们如何运用这些信息进行评估？我们如何得知该削减什么，该添加什么？

回到评估

老实说，你正在做的每一件事并不会都有与胡德的"师生匹配申请表"统计数据一样的标准。

话虽如此，但我们在评估有效的事物和重复的行为或坚持方法时可能会有点犹豫不决，因为它们已经成为习惯。

评估、舍弃和完善是什么样子的？

这里有一个问题需要你回答。你是否仍然无法在每天早上的2个小时内完全把成功放在你的道路上？

评估

与你可能认为的相反，胡德的故事不是关于避免失败，而是关于找到成功并利用它来发展他的项目。

消除那些无效的东西是一个花费更多时间在有效事情上的过程。他根本没有时间花在对他不起作用的事情上。这并不是什么陈词滥调。我在胡德身上目睹了这个过程。

如果你已经尝试了在早上的2个小时集中注意力工作，让我们暂时把对你不起作用的事情放在一边，并把注意力放在起作用的事情上。

- 是否有几天这样做真的有效？为什么会这样？
- 如果你把你花在集中注意力不间断工作上的时间平均一下，会是多少时间？45 分钟、60分钟还是90分钟？
- 在前一天选择3件在2个小时内完成的事情怎么样？对你来说，这在某些日子是否比在其他日子更加有效？
- 当你这样做时，你是否拥有了更多的成功？

为了评估对你"有效的"事项，我们做出以下总结：

- 在为期2周的时间里，我能够在10个工作日中留出6个工作日全神贯注的时间。
- 我平均每次留出60分钟左右的时间，并设法每次完成一到两个项目。
- 在那些我在前一天晚上设置好项目的日子里，我能够更好地开始工作，工作时间也更长。有时我会在早上为第一件事花上10～15分钟，然后才开始一天的工作。但前一天晚上的10分钟效果最好。

我将与你分享的是，在应用这些原则的最初几天里，这是我在两周里遇到的典型情况。所以，看看吧。我是说，要真正看看你完成了什么。

在你工作周的大部分时间里，你醒来，投入预先计划好的60分钟里，这段时间是你能够完成几个"项目"或在几个"项目"上取得重大进展的重要时段！

　　我之所以从你取得的成功开始，是为了提醒我们自己，它确实以某种形式起到了作用。

　　我们无法避免关注那些不起作用的事物，但避免关注不起作用的事物，会帮助你变换视角，有效地助力你取得成功。

　　我们来看看是什么阻碍了你每天这样做，事情看起来可能是这样的：

- 我并不总是在前一天晚上就把事情安排好。
- 我醒来后就开始在手机上查看电子邮件并被卷入了别人的紧急状况。
- 出于习惯，我打开浏览器，进入脸书，2个小时后，我已经给37个帖子点了赞，并观看了2个不那么优质的视频（这是常有的事）。

是什么让你不能工作整整2个小时？

- 实际上，我在60分钟内完成了3个项目。加油！
- 工作中的干扰，或者是我用手机查看电子邮件并被卷入别人的紧急状况。
- 我习惯性地打开浏览器，进入脸书，2个小时后，我已经"喜欢上"了37个帖子，并观看了2个不那么优质的视频（这种事再次发生了！）。

你为什么不能在前一天晚上就把事情安排好？

- 我参加了一个会议，脱不开身，然后不得不赶回家。
- 当这种情况发生时，我没有一个地方或一个表格来暂存这些干扰事项。
- 我忘记了。

从上述所有情况来看，这主要是源于 把成功放在你的道路上 的3个核心要素中的一个或多个。

意志力

当我们尝试新事物但似乎无法取得成功时，意志力就会成为千夫所指的对象，但意志力可能并不是罪魁祸首。毕竟，你的确想成为更好的自己。

习惯

这是你最需要框架的地方。为了养成习惯，你就必须要有系统的框架给你提供支持。

如果你每天都必须寻找你的牙刷和牙膏，你会感到有些沮丧，你的意志力会崩溃。但是没有，你把它们放在一个杯子里或挂在浴室洗手池旁边。这3个组成部分（意志力、习惯、决定），加之浴室是你早上首先会去的地方这一事实，就是你为你的习惯准备的框架。这就是你为刷牙这一习惯而 把成功放在你的道路上 的方式。

你一天中的前2个小时存在的问题可能是框架，但这个框架还不够稳固。

决定

还是由于选择太多了吗？

继续用刷牙作比喻，人们早晨在洗手池边并没有太多其他选择。

因此（这就是你运用评估方法的地方），在这2个小时之前或期间，你注意到自己正在做哪些使你无法如愿以偿地使用这些时间的事情？

你是否依然被吸引着用手机查看电子邮件？你是否依然开着浏览器和几个网页？你的大脑是否开始走神，停留在某件你忘记的事情上，并被这些事情引向另一个方向？

舍弃

那么，你会舍弃什么呢？

在这种情况下，你仍然在试图舍弃旧习惯和干扰。你仍然在试图舍弃那些把你拉出游戏的时间黑洞。你在试图消除各类决定及分散注意力的事物：

- 舍弃床边的手机，这样我就能抵制在第一时间查看电子邮件的诱惑。
- 舍弃浏览器。如果我的2个小时必须用到它，那就每次只打开一个网页。

- 舍弃电话。这就是为什么我有语音信箱。

完善

关注你需要调整的东西，并从你取得的成功再次开始。

怎样才能让你把6天当作10天来用？先把6天当作7天怎么样？那也只是多了一天而已。毕竟，这是你现在大部分时间都在做的，对吧？

怎样才能让你把60分钟当作75分钟来用？我知道某些日子，你是在早晨而不是在前一天晚上花10～15分钟选择你的3个项目。这意味着，在某些日子，你确实花了75分钟，但你也只是把它们用在了其他事情上。

如何才能更加坚持不懈地在前一天晚上制订计划？你已经看到了前一天晚上的10分钟对你一天的影响。

怎样才能减少干扰或决定呢？记住那张用来排除思维干扰的空白页。我仍然认为这是我的武器库中最有价值的工具之一。只要我有了这张空白页，它就会阻止我打开电子邮件或拿起电话。

提示：你可能必须让自己摆脱这些想法："这只需要在你头脑中占用一分钟时间"或"我最好现在就做这件事，否则我会忘记"。如果把它写下来，你就不会忘记了。

如果你已经试过了，而且这2个小时对你来说效果很好，那么恭喜你！

找出下一个你可以应用**把成功放在你的路上**的地方，并为此建立你的框架。

如果你还没有尝试过，那就用你花在3件事中的一件事上的时间来评估、舍弃和完善你的系统。

反思性实践是谈论评估、舍弃和完善的另一种方式。

它没有我阐述的那么正式，但它植根于这样一个事实，即我们所做的任何工作都需要一定量的持续性反思，以便从中学习并提高效率。

戴尔·卡耐基谈到了"每周回顾"。史蒂芬·柯维的习惯是"不断更新"。我还可以列举很多其他例子。在接下来的几周里，在你的工作中为反思性实践寻找机会。

你可以在哪里找到时间进行反思和学习？

行动小贴士

每周安排10分钟时间。反思最近的一次经历、一个会议、一次互动、一场演讲，甚至是一次锻炼：

- 哪些方面进展顺利？
- 你当时在做什么或说什么？
- 你特别注意到了什么？
- 为什么你认为它进展顺利？

利用成功案例，创建一个简单的由3个部分组成的成功框架，当你再次这样做时，或者做类似的事情时，你就可以使用它。

为了拥有一个成功的_____，我必须：

（1）_____

（2）_____

（3）_____

你已经知道"是什么促成了一次成功的经历？"这个问题的大多数答案。你知道什么进展顺利，而且你可能也知道其中的原因。

同样地，你也知道什么地方出了问题。我们总是能想出一个长长的清单。大多数项目是以这样的短语开始的：

● 我不曾……

● 我本应该……

● 我永远不能……

通过问自己何事进展顺利，抓住答案，并将它们置于一个框架中，你开始立足于这样的事实：

（1）我已经经历了成功。

（2）我知道再次经历成功需要付出什么代价。

花点时间倾听你自己的声音。

正确的问题是这样的问题：当被问及时，产生的答案会推动你努力变得更好。

答案并非总是马上就会到来。提出上述问题，你就会得到确切的答案。

提问只是整个过程的一半。我们必须倾听答案。

如果你不这样做，你可能就不会发现你正在寻找的成功。

如果你不这样做，你可能最终会再次重复同样的行为模式。

你可能会在各处找到成功，但目标是将你的成功转化为推动你前进的东西。

起初会很困难。这可能会让人觉得尴尬。而最困难的部分是当你脑海中那个微弱的声音对问题做出反应并给你值得考虑的答案时，你要相信这个声音。

但首先你要像一位朋友向你寻求建议时那样关注自己。

毕竟，你才是那个了解你自己的人。

ATTENTION!

第三部分

起作用的方法

第五章
保持专注的技巧

9733千米

　　哥伦比亚广播公司①的节目《星期日早晨》（*Sunday Morning*）介绍了威廉·比尔·赫尔姆赖克（William Bill Helmreich）的旅程。

　　赫尔姆赖克是纽约城市学院②（The City College of New York）的一位社会学教授。他写了一本书，名为《无人知晓的纽约》（*The New York Nobody Knows*）[18]。该书详细介绍了他在纽约每个行政区③的每个街区行走的旅程，共计9733千米。

　　写一本书似乎并不是一项令人望而却步的任务，而是为了调查

---

① 哥伦比亚广播公司（Columbia Broadcasting System，缩写为CBS），成立于1927年，是美国三大全国性商业广播电视网之一，总部设在纽约。——译者注

② 纽约城市学院成立于1847年，是美国第一所免费的公立高等教育机构。它是纽约市立大学24所高等院校中最古老的一所，被视为是纽约市立大学的旗舰学院。——译者注

③ 纽约市由5个行政区组成，分别是曼哈顿区、布鲁克林区、皇后区、斯坦顿（又译作史丹顿）岛区和布朗克斯区。——译者注

研究所走的许多路程。

这个想法源于他过去常常和父亲玩的一个叫作"最后一站"的游戏。他们会乘坐地铁到最后一站，之后下车四处走走；下一次将是倒数第二站，以此类推。这就是他了解他所居住的城市的方式。

9733千米看起来是什么样子的？

这个路程听起来很长，而且确实如此。赫尔姆赖克教授花了4年时间才完成这个旅程。平均下来是每天走6.67千米。

我们再进一步细分一下。

鉴于普通人每小时步行大约4.83千米，这意味着赫尔姆赖克教授每天大约要步行一个半小时。

步行9733千米是一个了不起的壮举。我不想贬低他的成就，但这样一个想法是完全合理的，即承诺每天花一个半小时来实现一个目标。

笑点就在这里。这个节目一开始就强调了一个故事——一个男人走了9733千米：足迹遍布整个纽约市。

为什么？因为这么说比只是说"一个男人每天步行一个半小时，然后就此事写了一本书"更有说服力。但"一个男人每天步行一个半小时，然后就此事写了一本书"就是实实在在发生的事。

🔲 一个半小时看起来是什么样子的?

对威廉·比尔·赫尔姆赖克来说,这看起来就是行走而已。

他的90分钟行走成了一种冒险。书中每个街区的内容都讲述了一些新人物的不同故事。他的所见所闻都在变化。每个社区都有一种独特的能量。

我不知道你能否展望一个4年之后的目标。我们有时都很难考虑几个星期之后的事情。

但不管是4年还是4周,我们每天都有一些事情要做。你只需要每天在某些事上花一个半小时,这些事就有可能改变你的生活。

赫尔姆赖克教授出版了他的书,还受托再写5本书:为纽约市的每个行政区各写一本书。我想这意味着他要走更多的路,即使这些路要在相同的土地上走。

他的成就最令人印象深刻的是他每天坚持不懈地行走。每天朝着一个更大的目标小步迈进并不容易,特别是当这个目标看起来相当遥远的时候。

每天花90分钟做同样的事情听起来可能并不令人兴奋,但走完9733千米肯定会令人兴奋。同样的事情可能正在等着你。

你的目的地在哪里?更重要的是,要到达那里,今天你要采取什么步骤?

从你所在的地方开始

在与我们小企业智囊团的一位新成员的电子邮件交谈中，她谈到了我们的Slack聊天群组中进行的所有对话。由于之前已经有了这么多谈话，她不确定自己如何才能跟上所有讨论主题。

我的建议很简单。不要试图跟上，而是从你所在的地方开始。我给了她一个快速的秘诀：

- 介绍你自己。
- 寻求你需要的帮助。
- 在可能的时候提供帮助。
- 再接再厉。

我确信的是：

- 人们会反过来向你介绍他们自己。
- 人们会帮助你解决你提出的问题。
- 人们会感谢你提供的帮助。
- 你总能找到机会学习新东西，认识新人，帮助某人，或得到某人的帮助。

这就是"从你所在的地方开始"起作用的方式。

你可能错过什么或可能没有错过什么并不重要。你总是可以介入并推动对话向前发展。

我们所有人都会感到自己一直处于落后状态。

人们总是就他们在业务上的处境向我道歉。

通常是这样开始的：我知道你们说要做X，但我一直没有做。我知道我应该做，但我就是……

其他人则为他们网站的状况或他们在写作上无法表现得持之以恒等情况而道歉。

没有必要为你所处的位置道歉。我当然不需要你这么做。

我们都有被我们忽略的领域，我们都被各种选择压得喘不过气来，我们都觉得自己做得不够或者我们应该在几年前就完成X、Y或Z。要是我们那样做了就好了。

当然，我们确信，如果我们每天晚上把头枕在一个个钱袋上，而不是我们从马歇尔商店①（Marshalls）买来的枕头上，我们的事业就会截然不同。

从你此刻所在的地方开始。你的事业是什么就是什么。只有摆在你面前的决定才能让你前进。

事实上，我们花更多时间思考我们去年做了什么或没做什么，会阻碍我们做我们现在需要做的事。

我和我的商业伙伴克里斯·布罗根每月都会举办网络研讨会。在最近的一次网络研讨会上，他概述了"客户体验的5个检查点"。

---

① 马歇尔商店是美国的一家折扣百货连锁店，主要销售品牌服饰和精品设计师品牌产品，包括男装、女装、童装、鞋和家居用品。——译者注

大多数出席者有兴趣更多地了解第一个检查点——意识。

这就是他们在自己的事业中所处的位置。在各种网络研讨会上提出的各种问题中，"到目前为止，人们还没有做的事"并不重要。

同样不重要的是网络研讨会上的其他人对第二个或第三个检查点感兴趣。这些兴趣就是其他人所处的位置。

他花时间回应了每个人的需求。

请不要担心你没有做过的事或者你可能错过的事。从你所在的地方开始就行了。

那么，你想做什么？你从哪里开始？

📇 事务冗杂

总有一些时候，我们会有点不在状态。这种情况时有发生，当它发生时，我们甚至还可能知道其中的原因，但知道原因并不能奇迹般地改变事情的状态。

6月份对我一家来说恰好是忙碌的月份，也许对你来说也是。学年的结束带来了一系列的庆祝、活动等事情，完全打乱了我们的日程安排。

但我们会调整，让事情顺利进行。我们把时间留给需要时间的地方，并想办法度过这段时间，直到生活再次稳定下来。简而言之，我们把事情解决了。

但是时间从何而来？

如果我们平时忙得不可开交，当我们的日程安排被打乱时，我们如何能够完成所有事情呢？我们每次又如何能够把问题都解决了呢？

在这些时刻，紧迫性为我们确定了事情的优先次序。"意外情况"得到了我们的关注。

有时候它值得我们的关注，而其他时候它则完全不值得关注。

出于紧迫性而采取行动不一定是坏事。事实证明，我们在压力下可以表现得相当出色。我们想方设法让一切顺利进行，这些方法事后甚至会让我们吃惊。

但是，在持续的紧急状态下运转会使我们失去控制。我们永远陷入了一种反应状态之中。刺激和回应之间的距离缩短到某种程度，导致我们的注意力不是被引导而是被转移了。

我现在需要做什么？

这句话是一次又一次拯救我的工具之一。如果一连串的活动或干扰使我表现不佳，我就会停下来深呼吸，并问自己这个问题。

如果另一个项目落在我的办公桌上，而我的思绪开始游荡到我必须做的每一件事上，我就会停下来深呼吸，并问自己这个问题。

当我发现自己因对工作或家庭的担忧或焦虑而分心时，我就会停下来深呼吸，并问自己这个问题。

在每一种情况下，它都让我感到踏实。它帮助我思考我所感受到的紧迫感是否有必要。

它帮助我把事情放在合适的位置。

它为我提供了视角。

 意外事件仍可受益于计划

当你以一个写出来的清晰计划开始你的一天，即使出现干扰，你仍能比没有制订计划时更容易从此前中断的地方重新开始。

当你清楚地知道在工作和个人生活中，什么对你重要，你就更容易在常态下观察到哪怕最意外的事件。

你现在需要做什么？

你的一天就是你的一周，你的一个月，你的一年

假设你设定了一个目标：今年为你的企业赚取50万美元的收入。

我们大脑中经常上演的是，我们想象拥有50万美元意味着什么。我们甚至会想象在我们努力工作一年之后，有人会给我们开一张大额支票，最后我们将拥有50万美元。

当然，你知道事情不是这样的。但知道这一点并不总是能抹去我们头脑中的幻想。

对我指导过的一些人来说，这种形象蒙蔽了他们的思维，不管这个人有多聪明或多有经验。

"你的一天就是你的一周，你的一个月，你的一年。"这是我和我的商业伙伴克里斯·布罗根一直使用的一句话。说实话，我不

知道这句话是谁想出来的，但我非常感谢克里斯·布罗根告诉了我这句话。

这句话有两方面的寓意。

第一，它旨在帮助你理解你今天采取的行动（以及你所做的决定）有可能影响你的一整年。

第二，它意在鼓励你展望你的一年并定义成功。

这是提出这样一个问题的绝佳场合：这看起来是什么样子的？

如果我把这个问题改为"一年之后的成功是什么样子的？"或者"如果我们要举办一个派对来庆祝这精彩的一年，我们具体要庆祝什么？"。

从现在开始展望一年后，这是一个有用的练习，它可以确定你希望实现的具体结果。然后我们可以开始解构我们要实现的结果，将其分解，使我们的行动与目标保持一致。

让我们以一年内赚取50万美元这一目标为例。

我们需要把它分解成一个月度目标。每月赚41 666美元才能在一年内达到50万美元。

如果进一步细分，我们就知道我们每周需要赚大约9600美元才能达到每月41 666美元。

我们已经确立了每周收入约10 000美元的目标。

现在，我们需要确定为了在本周和下周赚取10 000美元每天需要采取的行动。

听起来过于简单，但这是事实。我们可以这样简单地描述它：如果你能够确定你每天需要采取哪些行动才能每周产生10 000美元的收入并且实施这些行动，你就一定会在一年内赚到50万美元。

当然，挑战在于确定具体的行动。

日复一日、周复一周地致力于实施这些行动也是一个挑战。

确定行动

如果你负责销售，而你的产品售价为1000美元，你知道你每周需要完成10笔销售才能赚到10 000美元。

假设你的成交率通常为40%，这意味着你必须每周向25位潜在买家寻求销售才能获得10笔销售收入，也就是每天开发5位客户。

在这种情况下，你一天必须平均向5个人销售产品。

如果你的目标是今年实现50万美元的收入，而且你知道每天与5个人见面就能达成这个目标，那么现在的问题就变成了你在安排一天时心里要想着每天的目标。

你每天所采取的与你的目标相一致的具体行动组成了你的一年。

更多里程或者一场马拉松

跑一场马拉松的想法对大多数人来说意义重大。然而，如果你的目标是在一年后跑一场马拉松，有一些具体的方法可以让你每天向目标靠近。

我们也在跑步之外给这个目标多加几个方面，因为你知道，营养、水合作用和能量供应对于实现巅峰表现是必不可少的。

你在此谈论的不仅仅是做一些运动和按规定食谱进食，你是在为一项重要的耐力活动进行训练。

我们假设你没有打算要赢得马拉松比赛。然而，你正试图在一段合理的时间内跑完42.195千米[①]。此外，虽然你知道这个过程会很困难，但你希望能够感到舒适和自信。

你不是在跑步，而是在训练。

经过一番研究，你得以确定一个计划，这个计划将使你为这场比赛做好准备。你的工作就是贯彻这个计划。

逆向训练，你知道比赛前的最后两周是减量训练[②]周，并且你应该在此之前的两周，也就是赛前大约一个月，达到你的训练量峰值。

你的计划列出了你每周应该跑多少千米，尽管这是个逐渐增加训练量与训练强度的计划。

通过逆向训练，你可以发现，每周都有一个目标里程，而且每周都有几个较短的跑步日、几个核心训练日、几个较长的跑步日以及几个休息日。

关于休息日的说明： 在所有安排事项（健身或工作）中，休息日是很重要的。它们的存在是为了让你的身体（和头脑）有时间恢复，从而变得更加强大。你不会因为跳过休息日或放松日而更快地

[①]　一趟全程马拉松的距离。——译者注

[②]　减量训练是指运动员为了提高比赛成绩，在赛前适当地调低训练量与训练强度。——译者注

实现你的健身目标，你实际上还会阻碍自己的目标。因此，一定要遵循计划。

通过更多的研究，你发现了一个你想要遵循的营养计划以及一个具体的水合计划。

现在在一年时间里跑一场马拉松变成了这样一个问题：在一天开始之前就知道当天的计划是什么。

在床边备好一个装满水的瓶子会帮助你启动你的水合计划。

一个简单的饮食计划（每天准备相同的早餐和午餐）帮助你坚持营养计划。

你的健康就是知道你会跑多远或你要训练多长时间。

在前一天晚上制订好你的日常计划（包括你需要完成的所有内容）是非常重要的，然后是完成今天的工作。你每天都在为第二天制订计划并完成这些活动。

你的一天就是你的一周，你的一个月，你的马拉松计划。

约翰的创业故事

约翰·格罗斯曼（John Grossman）和唐·格罗斯曼（Dawn Grossman）夫妇在美国马萨诸塞州西部拥有一家名为霍利奥克鹰嘴豆泥公司（Holyoke Hummus Company）的餐厅。

约翰是我认识的最富爱心和最能给予他人支持的人之一，也是最足智多谋和勤奋的人之一。约翰总是努力在他的社区和家里发生点什么。

没有什么是一夜间发生的

他的许多客户都不知道他是怎么才让餐厅开起来的。他们只知道一家新餐厅即将开业，因此他们现在吃午餐有了另一个选择。

我想我应该让你简单了解一下约翰在过去几年中所经历的一些阶段：

（1）约翰喜欢烹饪。他自制的胡姆斯酱①和炸豆丸子②得到了家人和朋友的好评。

（2）在一位朋友的鼓励下，他受邀参加了一个小型社区活动（一场当地的男子篮球联赛），尝试销售他的三明治，测试一下市场。

（3）约翰只带了一张折叠桌、一个油炸锅和其他一些设备，他的第一次户外餐饮服务就取得了成功。人们邀请他再次回来。

（4）在多次开展了成功的户外餐饮服务之后，约翰决定服务设备升级到食品手推车。他参加了更多的社区活动并增加了餐饮服务。他聘请了一位当地艺术家为他的产品设计了一款标识。霍利奥克鹰嘴豆泥公司就这样诞生了。

---

① 胡姆斯酱（Hummus），又称鹰嘴豆泥，是把煮好的鹰嘴豆碾碎，根据个人口味加入不同调料加工而成的酱料，是中东沿地中海地区的经典传统美食，材料以鹰嘴豆和芝麻酱为基底，柠檬提鲜香，可搭配饼、蔬食及烤肉等，浓纯又爽口。——译者注

② 炸豆丸子（falafel），中东食品，用鹰嘴豆泥制成，常与面包一起吃。——译者注

（5）约翰再次测试，每周四利用当地的厨房和功能空间开一家临时餐厅。

（6）手推车的功能开始限制他，于是约翰开始寻找一辆餐车。

（7）约翰找到了完美的二手餐车，做了一些翻新，然后上街，拓展了在当地的活动和餐饮时间表。

（8）在临时餐厅和餐车实现良好运营之后，约翰找到了一栋很棒的建筑，霍利奥克市中心一家餐厅的旧址。他决定开设霍利奥克鹰嘴豆泥餐厅。

还有很多事情我没有提及。他投入测试和完善食物的工作，扩充了菜单，聘用了员工，用Instagram和脸书进行营销，还有一大堆其他细节。

但我现在将分享的一件事是，昨天是他全职工作的最后一天。他此前一直在为另一个与食品销售无关的组织工作。

我只列出了约翰旅程中的8个步骤。最后一步还没有开始，他就离开了自己的全职工作。他有一个妻子和3个孩子，他总能为他们挤出时间来。

我们从约翰的故事中获得了以下几点启发：

- **要有耐心并逐渐发展：** 我们极度缺乏耐心。也许是因为我们多数时间在线上工作，不卖炸豆丸子，我们以为自己的烹饪水平应该能够在一夜之间从自己的厨房摇身一变，达到开餐厅的水平。约翰在每一个步骤上都下了功夫，一路测试菜品的销路并增加餐饮服务项目，当然也经历过失败。他也很聪明，没有因为在万事俱备之前就"全力以赴"而感到压力重重，而是在大部分时间里扎实工作。

- **专注于你面前的事情**：当约翰在食品手推车上工作时，他当然想过有朝一日弄一辆餐车或开一家餐厅。但比抱负更重要的是，他仍然每天起床准备他的手推车。他准备食物，制作鹰嘴豆泥，并出现在一个又一个活动上。

- 他努力通过为人们服务来发展自己的业务。通过人际关系技巧和兑现为顾客带来美食和非凡体验这一承诺，他赢得了更多顾客。

- **知道你在卖什么以及卖给谁**：约翰的菜单相当简单。随着时间的推移，他增加了一些菜品，但他专注于他的主要产品。

无论他在哪里，他都为周围的人提供食物。他并不担心隔壁镇的人在吃什么，也不担心另一家餐厅在卖什么。他为排队买他食物的人们服务，邀请他们再次光顾或与自己保持联系，并确保这些顾客知道他接下来会出现在哪里。

事实证明，现在他大多是在同一个地点出现。他的新地址位于市政厅对面，靠近一些大的办公楼。他选择的新地点很棒。

约翰和唐，恭喜你们。我迫不及待地想看到你们的下一步行动。

不，别着急，约翰，慢慢来，刚刚我把话说早了。

一切都是决定

这个说法并不夸张。

环顾你的办公桌。去吧，我会等着你看完后回来。

你看到什么了？

让我猜猜。

一堆文件、几本书、一副破耳机、4支笔、未开封的邮件、一张旧照片、一本写了一半的笔记本、一些随意的文件夹、一本杂志？

我甚至还没有提到你的电脑桌面。上面有打开的网页、你一直忽略的"准备安装的更新"信息、尚未保存的文件以及无数的小红点？

我就不说你手机上的所有未读信息了，还有你收件箱的状态。

听起来是不是很熟悉？只有我经历过这些事吗？

你感到焦虑了吗？

我列出的每一件事（我知道自己没有把所有事都列出来）都需要我们给予一定的关注和一个决定。

即使日复一日地忽视这些项目中的每一项，也在某种程度上消耗脑力。

因为你的大脑每天都会看到它，承认它的存在，然后选择去做其他事情。

花片刻时间想一想这个问题。你稍早前经过的那个盘子、地板上的袜子、自你订阅后就没看过的杂志，所有这些都牵动着你的注意力，哪怕是一瞬间，并迫使你考虑是处理它还是搁置它。

每天，就算没有数千个也有数百个微小的决定。

你觉得累了吗?

你还在想为什么你不能为你更大的目标找到时间吗?

小的、有目的的、注意力集中的行动会导致意义重大的结果。

随着时间的推移，拼图的碎片形成了完整的画面。

我们明白这一点。毕竟，要不是你花了几周甚至几个月的时间进行小规模的持续训练，你不会一觉醒来就去跑马拉松。

不过，有一些东西阻碍了你。事实上，有很多小事阻碍着我们采取行动。

我们必须面对这个问题。

小

每一个微小的决定都会增加大脑的工作量。它们消耗你的精力，使你永远无法做出发展你的业务所需的大的、重要的决定。

我说的不只是办公桌上混乱不堪的东西。一周又一周，我们不断发现自己在考虑同样愚蠢的事情。我们认为我们正在认识到这个结论，其实不然。

我们让自己陷入同样的思维循环，从未真正承认我们需要做出一个更加有效的决定。

在我们面对并解决这个问题之前，我们实际上是在阻止自己把注意力转向更重要的事情。

大

随着众多杂乱无章的小决定消失不见，你可以看清你的道路，找到改变业务的重大机会。你可能对这些重大机会有一丝印象。也许你已经在某个时候写下了一些重大目标。

最后一次发生这样的情况，是在什么时候：你如此清晰地看到了上述重大机会，以至于随后如何做几乎都是显而易见的？

最后一次发生这样的情况，是在什么时候：你自信地认为自己所做的决定和采取的行动正引导你朝着改变事业和生活的目标前进，而你知道这些目标正是你想要实现的？

小

在明确你的大局后，你就可以开始制定最关键的行动了。

突然之间，决定似乎不那么困难了。你想要的长期影响自然而然地将你的时间列为优先事项；它为你每一个决定和行动提供了指导和框架。

下一步就是遵循你的计划。

决定已经做出，行动清晰明确。保持小规模的状态。请相信你采取的日常行动是为你的更大目标服务的。

每当你偏离轨道时，就开始思考"小、大、小"。

🖼 了解大局，采取行动

我的朋友汤姆是缅因州中部一所小型高中的橄榄球队主教练。

汤姆和他的球队在过去5年中在两个州的比赛中共取得了4次冠军。他们最近一次的冠军是在学校升到一个竞争更加激烈的分区后获得的。很明显，一些事进展得很好。

面对青少年运动员，你可能认为让事情保持简单，并将工作限定到最基本的层面将是最好的方法。这是有道理的。如果一名球员只需要关心他们被告知要做的事情，并且每个人都遵循他们得到的指示，他们就会成功。

汤姆的方法颠覆了这种想法。

汤姆没有把他们的注意力集中在小事情上，而是做大事。

他让他的球员们沉浸在他的整个系统中。

在练习的最初几天，他的方法是用信息淹没他们。

然后，他一点一点地向他们展示他的系统的各个部分是如何一起运转的。

结果不言自明。

通过接触大局，他们开始理解系统是如何运转的以及每名球员的角色是如何影响每场比赛的。

最终，球队中的每名球员都准确地理解了他们的角色以及他们采取的微小行动是如何为系统的成功做出贡献的。

汤姆也不太担心某个人如何准确地执行他们的角色，因为他知道球员们明白每场比赛的目的。

相反，他想要知道的是球员们是否在正确的时刻处在他们需要出现的位置。

由于球员们了解每场比赛是如何构建的、他们试图完成的目标以及他们的角色，因此汤姆可以信任他们。

他允许球员们做出决定和简单的调整，因为他们明白自己试图完成的任务。

他独特的方法也意味着任何球员都可以在任意时候承担任意位置，并知道外界对他们的期望是什么。

这就是了解大局并根据大局目标采取一致的微小行动所具有的力量。

专注于目标可能会带来负面影响

高尔夫大师赛[19]①（The Masters Tournament）是我最喜欢的体育赛事之一。我喜欢所有季后赛运动，喜欢观看处于这一水平的最佳竞争。选手们处理压力的方式很让人着迷。

我从来不认同你应该全神贯注于你的目标。相反，我认为你应该专注于为实现这些目标所需的行动。

这种差别很微妙，但却很重要。我是在2017年对职业高尔夫球手罗里·麦基尔罗伊（Rory McIlroy）的访谈中想到这一点的。

---

① 亦称美国高尔夫名人赛，是高尔夫四大满贯赛之一，固定在每年4月举行，场地设在美国佐治亚州的奥古斯塔市。——译者注

当时，麦基尔罗伊在世界职业高尔夫球手中排名第三。28岁时，他已经赢得了高尔夫四大满贯赛[①]中的三项赛事。美国大师赛[19][②]是一次例外。

在以第十名这个不太理想的成绩完赛之后，他对自己的失败直言不讳：

> 我以前也遇到过这种情况，但我没有在需要完成任务的时候完成任务……我认为这与我的状态没有什么关系。
>
> 我认为这更多的还是我的心理问题，我会没法应对心理压力和想象假如赢得比赛的成就带来的兴奋感。我认为这才是真正拖我后腿的东西。[20]

这个回答中至少有2个元素至关重要：

> "我认为这与我的状态没有什么关系"。
>
> "成就带来的兴奋感（正在）拖我的后腿"。

麦基尔罗伊以他的充足准备、惯例和纪律而闻名。他每天都很努力，他的状态很理想。他对此很有信心。

---

① 即美国高尔夫球大师赛（The Masters Tournament，简称美国大师赛）、美国公开赛（The U.S. Open Championship）、PGA锦标赛（PGA Championship）、英国公开赛（The Open Championship）。——译者注
② 在我于2019年写作本书之际，他尚未赢得美国大师赛。

即便如此，在比赛过程中他还是变得心猿意马，尤其是通过想象赢得大师赛的兴奋感而变得心猿意马。他把注意力转移到了目标上，而不是实现目标所需的行动上。

👥 眼下我应该关注的重中之重是什么？

我经常问自己这个问题，这是我将注意力重新集中在行动上的一部分。我也遭遇过同样的干扰。我是一位预测大师，我可以快速制作一个Excel电子表格，然后一连几天预测销售和收入。

当然，问题是这不是真的。但我们的大脑（至少我的大脑）可以玩一些奇妙的把戏。

我可能会上当受骗，想象一旦我们实现了这些目标，我的生意或生活会是什么模样。

在那一刻，这种兴奋吸引了我的注意力。我没有专注于采取必要的行动来达成目标，这让目标更加难以达成。

在美国大师赛上，4天的赛程中共有72个高尔夫球洞。为了达标，你要打出288杆，且杆数越少越好。冠军丹尼·威利特（Danny Willett）打出了283杆，罗里·麦基尔罗伊的成绩是289杆，他们之间仅有6杆之差。

尽管麦基尔罗伊十分投入、严于律己并进行了几个月的日常训练，尽管他的状态很理想，尽管他在赛前已经打了数万杆，但锦标赛期间摆在他面前的每一杆都很重要。

我不知道麦基尔罗伊到底在哪个环节走了神。我不知道兴奋的心情在哪几杆上占据了他的想象，让他失去了注意力。

但我能确定的是，你和我可以从中吸取教训。

我们有目标，其中有些很简单，而有些可能会改变生活。但总有一条路，总有一些步骤是在我们抵达目标之前很久就必须选择的。不管我们一直以来多么努力，又有多接近成功，不管我们多么清晰地看到成功就在前方，我们需要关注的仍然是步骤，而不是目标。

越来越多的证据表明：

- 面对太多的决定，你会做出糟糕的选择。
- 面对太多要做的事情，你会变得不知所措，表现不佳。
- 面对太多的选择，你会权衡假设性的取舍，这些取舍无论如何都会导致事后的不满，更糟的，还会让我们沮丧。

我获得的是人类发展领域的学士学位，我的专业背景和经验是在幼儿教育领域工作过20年。

我从孩子们身上学到的最有价值的东西之一就是弄清楚如何把事情分解成小块，从而助力完成更大的任务。

我把这个方法用在我自己的孩子身上，它继续帮助我完成那些我可能不喜欢但又必须完成的任务。

这方面最常见的例子是我在孩子还小的时候要求他们打扫房间。

现在他们在这方面做得好些了，但他们在铺设一条通往目标的道路时，仍然时不时需要帮助。

以下是一个例子：我们来看看他们的房间，看看他们需要打理的一切。你曾经也是个孩子，你知道这个过程看起来是什么样子的：

- 脏衣服；
- 凌乱的床；
- 扑克牌；
- 乐高积木；
- 干净的衣服；
- 以往参与的艺术项目的各种艺术用品；
- 背包；
- 鞋子；
- 包装纸等。

我十分清楚，当我要求儿子仅仅"打扫他的房间"时，他就会完全呆住，因此我要求他做3件事："请只捡起你的脏衣服、扑克牌和鞋子，就这些，不要做其他任何事。完成后，请来见我。"

每次他来找我，我都会继续把事情分解成2到3件他可以解决的事情。很快，收拾出一个干净的房间的想法就不远了。有时，在只做了第一件事之后，你就可以看到他的行为举止发生了变化，因为他开始认为这是有可能实现的。

把事情分解

在工作中，对我们的年终财务状况进行审查就是这方面的一个例子。

这项工作我每个月都会做，但我总是想在我们把东西送给会计师之前做一次年终审查。

出于某种原因，我害怕这个过程。一切看起来既浩大又耗时，我可以感觉到，面对所有必须要做的事情时，阻力在增加。这感觉像是占用了我几个小时的时间，而我已经知道我不喜欢为漫长的项目坐上几个小时了。

在面对一个你必须做但可能并不完全感兴趣的项目时，与其一直不知所措，对其加以分解反倒会有帮助。

在这种情况下，分解它的第一步意味着确定我需要的工具或项目。

清单中的第一项工作是汇总所有的月度损益表并把它们打印出来。报表、一支荧光笔和一支钢笔将是我完成工作所需的工具。一个浏览器窗口显示QuickBooks^①账户，一个浏览器窗口显示银行账户，完成工作所需的一切就都摆在眼前了。

说实话，写这些让我觉得有点愚蠢，但这一步对于我克服整个项目带来的压力而言非常重要。

我也没有马上实施这一步，我只是整合了一下我的想法。这就是我决定当天在那个项目中要完成的所有工作。

提前把这些都准备好，非常像我把跑步服放在床边。这是如何**把成功放在你的道路上**的另一个例子。

---

① Quickbooks是一款国外企业普遍使用的会计软件。——译者注

接下来我制定了一些简单的规则：

- *一个月一次；*
- *准备最近的到最早的资料；*
- *每次40分钟。*

我甚至可能把它作为我的3件事之一。

突然间，这个项目不再是那么浩大了，而是一个需要在早上的40分钟内完成的任务。

它从我一直在拖延的事情转变为我正在做的事情。准备好一切我需要的东西所花的时间很短，这省去了几天的拖延时间。然后，就这么完成了。

我知道你有各种目标和项目。我敢打赌，它包括诸如网站、社交媒体、书籍、博客、设计、销售、收入，或者也许是体重、健身、停止、开始或饮食等字眼。听起来是不是很熟悉？

把它们分解成更小的块，并把每一小块称为成功，会是什么样子呢？

减重

我曾经遇到过的任何减重或健身计划都建议增加水的摄入量，目标可能是我每天要喝8杯水。

如果你把这个目标分解开来，一开始只是在床边放一大杯水，让你在醒来时就能喝到，那会怎么样？

你做到的可能不是喝8杯水，但比你一直在做的要多，而且这是在达到8杯水的道路上迈出的一小步。如果你连续3个星期这样做，我保证你会找到其他方法来喝更多的水。

写一本书

知道一个数字，这本身就有力量。只是知道一个数字似乎就能让它瞬间变小。

一本书大约有65 000字。如果你每天写大约2000字，在32天后，你就可以写出一本书。

因此，写作32天就相当于写了一本书。如果你真正开始写作，有那么几天，你可能会一天写3000~4000字，突然间，你在不到20天的时间里就写了一本书。

在写这本书之前，它是一个想法，一个项目。有时候，我也有那种不知所措的感觉。我曾记了一些散乱的笔记，虽然有用，但没有什么结构。

只有在我建立了框架之后，我才能够真正把所有的东西组合在一起。我原本是写不出来的。在那个时候，我不得不从小处入手，比如说结构：

- 前言
- 8个章节
- 结语

下一步是确定每一章的主题。

在我意识到这一点之前，我已经把整本书分解成了几个可以处理的部分。

> **！ 不要专注于完美，而是要专注于行动**
>
> 有个概念叫"一口那么大的块"，这一概念的不凡之处在于，它并不需要完美地将一个简单的框架放置到位，而是先做出框架。

应对环境变化

有时候，回忆一下在我知道如何把成功放在我的道路上之前的生活是什么样子的，会很有帮助。

我最近在想这个问题，因为我需要发挥意志力来完成一些事情。

几年前，我们最小的女儿来到我们的家庭。她是被收养的，当时来到我们家时才3岁。

除了人们可能想象到的一个孩子进入一个新的家庭、新的语言和新的文化环境时经历的所有过渡，她也完全接受了3岁意味着的一切。你是否曾与一个忙碌的3岁小孩待在一起过？

这是我的3个年长些孩子第一次体会到这种强大的力量。他们会告诉你，有很多事情很难完成。

我可以告诉你，我在"一天结束之际制订计划"的行动最终比平时晚了很多。直到晚上9点30分左右，在所有孩子都上床睡觉后，我才在沙发上着手制订我的计划，但我确实进行了计划制订。

某一天，我正在看第二天的日程表，我可以看到，明天的自己将期待一些正常例行程序之外的事情。我母亲要到访，稍后在上午10点左右我还有一场五年级乐队音乐会要参加。考虑到这一点，一个与往常不太一样的上午将会到来。

不管怎么说，我还是像往常一样把2个小时专注的时间叠加起来：

- 我确定了促成"成功的"一天的3个项目。
- 我为每个项目分配了一段时间。
- 我把它们写在日常工作表上，并安排好时间。

即使做了所有这些准备，但由于种种原因，我的早晨还是稍稍偏离了方向。之后，我母亲来得比预期要早。所有这一切让我的计划拖延了大约1个小时，45分钟后我艰难地停了下来。

框架支撑着我们

这是一个常见的挑战。情况发生了变化，你被迫做出调整。你必须决定要做什么。你应该如何度过这45分钟？选择几乎是无穷无尽的，对吧？它们过去常常如此。

如果你还记得我分享的关于以前工作习惯的故事，你我就都知道会发生什么了。

我会打开我的电子邮件，对收件箱里的任何东西处理得事无巨细，把别人的优先事项当作待办清单。

然后，受制于他人的要求和一系列复杂的情绪，我会开始选择我想首先进行回应的项目。45分钟之后，我就会陷入与某人来回的电子邮件交流中，仿佛这是一次聊天，并且无法决定要不要停止这一交流然后去参加儿子的乐队音乐会。

这一天与往常不同。我的框架支持着我。

是的，我必须做出决定，但选择范围已经因为我在前一天晚上列出的包含3件事的清单而缩小了。

是的，我只有45分钟，但我能够很好地利用这段时间。因为我已经决定了我需要做什么，所以我能够在剩下的时间里专注于我的其中一个项目。

我不得不发挥一定的意志力，但也不至于如此，因为选择是明确的。我可以坐下来，从3个项目中选择一个，然后开始工作。

要离开时，我知道即使环境在不断变化，有各种情况使我迷失方向，我的框架依然支持着我。

也许参加儿子的五年级乐队音乐会并不是你的优先事项，但在这一天，它是我的优先事项。

这些事情是什么或它们看起来像什么并不重要。重要的是，你能够在场，因为你已经建立了一个允许它发生的框架。

这是你的注意力的价值和简单决定的力量。

确定重要的事情，并在你不得不做出决定之前做出决定。

这是构建一个框架，从而让你可以基于自己的条件富有成效，并有时间去做对你来说重要的事情。

生产力陷阱

生产力陷阱是我们喜欢做的活动，但当我们感觉它们像是工作或者与我们的工作相关时，它们实际上就是生产力陷阱。我们之所以为生产力陷阱辩护，是因为我们可以证明它们的价值，但它们却妨碍我们完成需要完成的工作。

我最大的生产力陷阱之一是编制预算和预测。我可以花几个小时在Excel表格中创建和调整各种模型及其结果。

这是真正的工作，但我可以在创建过程中在我的大脑中进行预演。简单地说，这就是一种幻想，而不是使它成为现实的工作。

看看你能否找出一些你的生产力陷阱。下面是接受我辅导的客户与我分享的一些生产力陷阱。也许这些听起来很熟悉：

- 规划；
- 无休止的目标设定；
- 为他们的书制定角色表（但不是真正写故事）；
- 阅读你所在行业的人在推特上发表的每一篇帖子或文章，因为你想了解最新趋势。

5F框架

在对我们的运作方式做出任何重大改变的过程中，总会有一些混乱阻碍我们让事情最终变成我们希望的样子。

在我们做出一些可能需要做出的更大决定之前，我们可以立即做一些事情来清除这些混乱，并获得一些早期的胜利。

下面这个5F框架能帮你清除这些混乱：

- 面对它（Face it）。
- 解决它（Fix it）。
- 找到它（Find it）。
- 为它制定框架（Frame it）。
- 遵循它（Follow it）。

面对它——面对你的决定

我知道你听说过这样一句话，解决一个问题的第一步是承认你有一个问题。这听起来虽然矫揉造作，但很有用。

问题来了：我们不断发现自己在一周接一周地考虑同样的蠢事。

为什么我们总是把自己置于这样的境地：想知道晚餐应该吃什么？

面对这个问题意味着提问：我真正想要实现的是什么？我是否在花时间做值得我关注的决定？

解决它——减少你的决定

那些占用我们的时间、占据我们的注意力和精力的日常小决定会导致决策疲劳，所以请减少类似的小决定。

消除或减少你的决定

在最近与我的一些辅导客户的谈话中，我们讨论了消除或减少决定的过程。

我已经以这样的方式缩小了选择范围。

大多数"我是否应该这样做……"这类问题的答案往往可以归结为以下3个选项之一：

- 是。
- 不是。
- 不是现在。

单单是这个简单的框架就可以节省很多用于决策的精力。

回答"是"会引出关于如何做的其他问题和步骤，等等。

回答"不是"相当具有终结性。

回答"不是现在"也需要一些后续工作，比如你在什么时候和/或什么情况下会再次考虑这个决定。

一个关于"不是现在"的简单说明：我总是鼓励客户对这个答案保持警惕。他们确定这是正确的答案还是他们暂时把它搁置了？如果他们真的认为这个答案足够有价值，值得稍后加以考虑，这就是正确的答案。

让你的决定自动产生

让你的决定自动产生听起来比实际需要的更加复杂。但我确实喜欢设想创造一个简单的"如果，那么"的解决方案。

这是关于确立规则。

思考这个问题的另一种方式是考虑少数几个你经常遇到的日常决定。

如果你必须运用人工智能编程来帮你做出决定，你会告诉它应用哪些规则？

- 我该买这个吗？
- 我该吃那个吗？
- 我该看这个还是上床睡觉？

这只是一些我们日复一日遇到的简单例子。在某些情况下，你可能有一些已经确立的规则。

- 我从不冲动购物。
- 我只吃我认可的饮食计划中的东西。
- 周一到周五，我每晚9点50分上床睡觉。

这些都是使决定自动产生从而减少决策疲劳的例子。

找到它——将你的决定导向大局

但最近，我一直在想，就我们的整体决策框架而言，一年的时间是否足够？我们是否应该想得比这更远一些？

我的朋友贝姬·麦克雷对她的生活有一个总体的愿景，她称之为"全面的生活"。

麦克雷的想法让我喜欢的一点是，她不是在争取一个结果，而是花时间定义**她想要的生活是什么样子**。

制定它——用"大"来为"小"制定框架

当我们开始从这一点向后看，以定义实现这些成果的进展时，就会发现我们让一年到头及以后的工作都有用了。

这就是月定义和周定义有用的地方。

这个过程最重要的方面是，它如何指导我们在追求这些成果的过程中的日常行动。

当我们从年度成果开始往回看时，定义变得非常清晰。我们可以将这些结果作为过滤器，来决定我们该在哪些方面投入时间和决策努力。

年度成果引导我们向需要做出的较小决定和实现大结果所需的行动努力。

以下是一些有助于制定框架的问题：

- 我想要实现什么目标？

- 我需要做出什么决定或采取什么行动来实现它？
- 如果我不确定是否要做出某个决定，我需要知道和了解什么才能帮助我自信地做出这个决定？

遵循它——使用框架，坚持计划

当你心不在焉并偏离你的计划时，并不意味着这是一个糟糕的计划。它只是意味着你没有按照你的计划行事。

我本打算稍后再补充这个说明，我本打算先说你应该如何遵循你所制订的计划以实现你决定达成的结果，但这个说明需要被早点说出来。

大、小、大、小

对于麦克雷的全面生活，她用自己对全面生活的定义来驱动自己的决策。麦克雷对全面生活的定义指导她的商业决策、健康保持和健身、人际关系处理，指导她如何打理与自己的时间有关的一切。

最近，她决定出售她的酒类商店。

这就是"小、大、小"和5F重新发挥作用的地方。

经营酒类商店带来的小杂乱和日常要求占用了她大量的时间。

她的"大（全面的生活）"为她提供了一个过滤器，帮助她意识到经营这家商店妨碍了她拥有全面的生活。

在决定卖掉商店时，她不得不从小处着手，制订一个计划以处理出售业务过程中的决定（和行动）。

麦克雷的过程遵循5F公式：

- 面对它：她必须面对一个问题，即这家商店阻碍了她达成结果。
- 解决它：起初，她通过消除一些决定并让其他决策自动产生来减少日常拖延（她在几年前增加了一套新的POS系统）。这为她扫清了通往理想结果的道路。
- 找到它：她的重大决定是把时间看得比经营业务的要求更重要。她决定出售自己的酒类商店。
- 为它制订框架：她利用这个大目标制订了一个计划。
- 遵循它：她遵循一个循序渐进的计划来出售业务。

通过思考一个比一年的目标更大的目标，麦克雷能够思路清晰、目标明确地处理那些感觉上是重大的、压倒性的决定，比如出售一项业务。

最后，这就是最终的目标。

我希望你能在思路清晰、目标明确的情况下做出有意图的决定。

停止走神

很多接受我辅导的客户带着他们正在处理的重大决定来找我。

在辅导过程中，我的角色从来不是为你做决定，而是把你放在一个位置上，让你为自己做出最好的决定。

几乎在我的每一次经历中，都有某种形式的"小、大、小"在起作用。在早期阶段，总是感觉一切都很大。

我们面临的最大挑战是我们能否专注于生活和工作中最重要的事情，也许是一个项目、写作、与孩子玩棋盘游戏、一个重要的会议、与你的另一半吃饭。也许你面临的注意力挑战是长期的，例如始终坚持一个目标。

我可以为你列举出我们每天面临的所有使我们分心的事物，但你已经知道了。我可以跟你说说你的手机、电视、电子邮件、社交媒体、你留着没做的事以及有待你去做的事。所有这些都让我们分心。

我们越想完成任务，就越会展望自己的目标，就越是心不在焉。有时让我们分心的不是外部事物，而是我们自己对可能发生的事情或本应该发生的事情抱有的想法。

- 要是你已经……就好了。
- 为什么我就不能……
- 我怎么才能……

停！

这就是这个框架的第一部分。

在本书开头的几个段落中，你有没有发现自己有点走神？你有没有想过（哪怕是以某种不起眼的方式）令你分心的事物以及你进行的斗争，特别是你与自己的思想进行的斗争？

我甚至在写这些段落的时候就想象到了你阅读时的状态。

"**停！**"是一个命令，一个禁令，它穿过我们大脑可能发出的噪声。我经常使用这个指令，它是帮助我恢复注意力的框架的一部分。

记住"让我现在就做……"的危险性。

这是一个强有力的理论。我们没有很好地利用它，它正在使我们的努力脱离轨道。

某样东西突然出现在你的办公桌上，或者一个想法出现在你的意识中。也许是一些无伤大雅的事情，比如"我必须给我丈夫打电话，告诉他这个周末的计划有变"。

你对自己说，"**让我现在就做那件事**，免得我忘记"。

因此，你停下正在做的事情，迅速给你丈夫打电话，相信你打完电话后马上就会回到正在做的事情上。

在等待他接听的时候，你开始浏览电子邮件，因为我们不能在电话响的时候等待10秒钟而不去做其他事情。所以，让我们同时进行多项任务，看看我们在进行自己的项目时是否有什么事情出现了。

你完成了交谈，但你没有回到你的项目，而是打开一封在你浏览时引起你注意的电子邮件并开始阅读。

让我们更仔细地看一看。

我们从一个单一的项目开始。

我们的大脑提醒我们需要打个电话。

在那一刻，我们离开手头的项目，把注意力转移到打电话上。

在我们打电话的时候，我们决定打开电子邮件浏览一番，看看在我们进行最初的项目时是否有什么东西进来了。

我们已经从专注于一个重要的项目转向了处理3个互不相干的领域。

让我们再进一步。

在电话中，我们很可能会讨论不止一个话题。

当我们浏览电子邮件时，我们在收件箱中看到的每一条新信息同样是一个独立的主题。

我们向"让我现在就做那件事，免得我忘记"的冲动妥协，我们已经因此分散了自己的注意力，不仅仅是在3个地方，我们还经历了一系列让注意力分散的事情，我们必须把心思从这些事情中收回来。

停！

你又走神了吗？我又走神了。你曾走神过，我也曾走神过。

我们必须摒弃这样的观念，即我们可以有效地允许自己被干扰，并成功地回到原来的任务，而无须花费一定的努力来重新集中注意力。

受到干扰是有代价的，而我们持续的"让我现在就做那件事，免得我忘记"的咒语对我们的伤害大于它对我们的帮助。

问题就在声明中。

我们担心我们会忘记，因为我们的头脑一开始是散乱的。但如果我们向这种信念妥协，就会使问题恶化，并使问题长期存在。

了解这一点是第一步。

当你的注意力分散时，当你允许注意力被一个想法、一个动作或某种其他的干扰因素分散时，你需要努力才能再次集中注意力。更重要的是，我们不知道我们通过破坏自己的专注失去了什么。

我向你打赌，放弃"**让我现在就做那件事**"的想法实际上是可行的。

🖼 3R和空白页

当我试图专注于一个项目时，空白页是我处理脑海中蹦出的各种想法的方式。这种方法能有效地处理类似的想法：**我得记住去……，我得打电话给……，我必须添加这个……，这对另一个项目来说是一个好主意，我想和大家分享……**

正是上述干扰使我们陷入了"**让我现在就做那件事，以免我忘记**"的想法。

与其击退一种想法，不如让它浮到表面并捕获它。

3R分别是认识（Recognize）、记录（Record）、返回（Return）。

当你开始你的一天或你的项目工作时，在你的办公桌上靠近你的地方放一张空白的纸和一支笔。

（1）当一个想法出现在你的脑海中时，比如我上面提到的那些想法，一些需要迅速采取行动的事情，或者一些你需要记住的东西，**认识**它。

（2）把它**记录**在空白纸页上，这样你就可以解放自己的头脑，以后不必再去回忆它。

（3）**返回**到你之前正在做的事情上。

简单具有强大的力量。

当我投入一个项目时，就拿写这本书来说，我已经为它留出了时间。我在一天中投入了专属于这本书的时间。

然而，如果我允许另一个想法或者我需要记得去做甚至是早些时候应该做的事情打断我，我最终将使我目前保持专注的努力脱轨，我的时间将被浪费掉。

然而，如果我把它写下来，然后回到我的工作上，我就能够完成更多的工作。

认识、记录、返回。

🗂 RIRA

这一方法的用处是处理进入我脑海中的担忧、混乱和消极言论。

也许它一开始是个白日梦，或者是一个当你从事一个项目、外出跑步或与某人开会时的循环焦虑。大脑狡黠莫测。似乎任何地方都会产生这些想法。

在这种情况下，你的大脑并没有用你需要或想要记住的东西打扰你，它把你拉走是因为你想做的事情很难。

它试图用其他一些更容易或更有趣的东西来分散你的注意力，并为你提供各种放弃的借口。

我使用的方法是RIRA：

- 认识（Recognize）

- 禁止（Interdict）

- 重新聚焦（Refocus）

- 行动（Act）

有时候我会使用这个方法。其中一种情况就是在体育锻炼期间。

游泳是我最难坚持的一项运动。在我的锻炼进行到大约1/4的时候，干扰声音开始出现，而我只想要结束这项锻炼。

我的头脑中充满了各种想要让我放弃的消极言论和其他诡计。

它们告诉我，我没有时间做这件事，或者我应该回去工作了；它们告诉我，我不擅长这项运动，我现在本应该做得比这更好；它们告诉我要放弃，或者暗示我：如果我把今天的锻炼时间缩短是没有问题的。

认识

请注意，3R和RIRA这2种方法中都有"认识"这个部分。我们只需要认识自己的想法是什么。在我们能够做任何其他事情之前，我们必须尽可能清楚地看到这些想法。

这一点非常重要，因为我们的决定正是在这些想法的基础上做出的。起初，它是一个非常不具体的想法，很难看到，但当你看到的时候，就是该做决定的时候了。

禁止

禁止的力度更大一些。它是对干扰的干扰，是完全停止各种活动，这里指的是思维模式。

面对消极的谈话或无益的担忧，它可能特别有帮助。你可以选择一个对你有效的词或短语。正如我在上文展示的那样，我选择了"停！"。它使我感到不快，但它为我夺回控制权创造了条件，以便我能避免被干扰。

重新聚焦

有时候，重新聚焦就像让我的思维回到手头的工作一样简单。有时候，我必须问自己一个问题。我之前可能提到过这个问题。这是我进行重新聚焦最好的工具之一：

> 对我来说，现在最重要的事情是什么？
> 当我有了答案，就是该行动的时候了。

行动

在游泳时，我的行动就是**在我处的环境中执行**。如果我正在进行一个项目，我就必须回到我此前离开的地方。

很多时候，在从**"重新聚焦"**到**"行动"**的阶段，我的行动少得可怜。

把这句话说完。只要游完游泳池这么长的距离就好，我就是在此基础上进步的。

这在人际关系中同样奏效。我可能会走神，我可能会心不在焉，而不是**真正**和家人待在一起。我可能身在其中，但思维却陷入其他的想法或忧虑之中。

RIRA让我迅速回到我的行动中。

有趣的是，"Rí Rá"在盖尔语①（Gaelic）中是混乱的意思。你自己得出结论吧。

这两种方法作为即时框架，为保持我的注意力或帮助我重新聚焦，对我来说非常好用。

第一种方法比较温和。想法和干扰将会出现。认识并记录它们，以便回到你的工作中去，操作起来是比较流畅的。

第二种方法更加直接是有原因的。我们的思维可能会漫游进入无益的场所，使我们偏离轨道，而我们可能需要这种严厉的禁止来帮助我们返回。这是一个有用的工具。一开始可能很难，但通过练习，你会表现得更好。

---

① 盖尔语是爱尔兰和苏格兰传统语言常见但不完全正确的说法，这两种语言都是凯尔特语，起源于印欧语系的戈伊德尔语（Goidelic）分支。在爱尔兰，这种语言被称为爱尔兰语，而在苏格兰，正确的说法是盖尔语。虽然爱尔兰语和盖尔语有一个共同的语言祖先，但随着时间的推移，它们分化和变化为两种不同的语言。——译者注

行动小贴士

注意你什么时候会心不在焉。注意你的想法什么时候会干扰你，把你从你最初选择要做的事中拉走。认识到当你听从这种干扰时会发生什么。它将把你带往何处？你能否看到做出不同选择的空间？也许它是用来记下什么的空间，也许它是为禁止准备的空间。现在，只需注意。

下周试试空白页的方法，看看会发生什么。

提示：你总是可以在一天的晚些时候重新审视这些项目。我喜欢做几次重新审视。保持简短，设置一个定时器。

如果你自信地认为自己每天都在做正确的事情，那会是什么样子？

如果你可以只做工作，而不用担心你应该做什么，那会是什么样子？

这就是我们希望从"小、大、小"框架中获得的东西。

这就是为什么我们要确定你希望在一年内实现的结果，了解这些结果对每个月、每个星期意味着什么，以及最重要的是，对每一天意味着什么。

我们想要清晰明了。我们想要知道并相信我们每天所做的事情与我们的目标是一致的。

第六章
感性决定的价值

我的朋友最近说她并没有花很多时间思考目标。她更喜欢以一种"比前一天的自己更好"的心态生活。

我可以理解这种情绪。这是一个美好的愿望。毕竟,我喜欢帮助人们更好地完成他们的工作。但是,就其本身而言,"更好"并不容易衡量。

我问她,当她变得更好时,她是如何得知的。她无言以对。这是因为更好需要定义。

定义更好

我的朋友不仅难以评估想要变得更好的愿望,而且她也尚未解决一个关键问题。

她是想成为一位更好的母亲、配偶、朋友或同事吗?她是想设法变得更健康、更好地管理自己的财务,或是阅读更多东西?

这就引出了一个问题:"在什么方面做得更好?"

尽管这一点看起来很简单也很明显,但人们往往会回答:

"我不知道，我只是觉得我应该做得更好"或者"其他人似乎更……"。

有时候，当涉及我们工作和生活的目标时，我们知道自己想要获得更多某种东西或者在某事上表现得更好。我们甚至可能近乎知道它是什么。但为它命名是至关重要的，不仅仅是为了拥有一个目标，还是为了了解我们距离"更好"或"更多"可能还有多远。

👤 看看你做的事

几年前，我对我的朋友麦克雷说，我有一种咬牙切齿的感觉，觉得自己不是孩子们的好父亲。

她立即提出了一个重要的问题："是什么让你觉得自己不是一个好父亲？"

注意她是如何将我从感觉转移到思考上来的。

这很简单。我觉得我没有花足够的时间和他们在一起。

她的回答是："好吧，在接下来的两个星期里，记录你和她们在一起的时间。"

我照做了。结果发现，我花的时间比我认为的要多得多。当时，我的日程安排得很满，我担心我牺牲了与孩子们相处的时间。实际上我没有。

做这样的记录也让我注意到了何时、何地以及以何种方式和孩子们在一起。我参加了孩子们的各种练习、比赛和表演，和他们一起吃晚饭，玩游戏，在车里与他们交谈。在晚上，我还读书给他们听，并为他们盖好被子。

先定义

这个过程迫使我面对一些关键的事情。

我必须定义什么是"更好"。

我必须评估我已经在做什么以及做了多少。

下一步是要弄清楚我还需要做多少事情才能变得更好。是每周陪伴孩子们5个小时吗？是为孩子们留出更多的阅读时间吗？是与孩子们进行更多的谈话吗？

我们经常得寸进尺，不知满足，认为我们应该做得更多，拥有更多，做得更好。

所有这些可能都是正确的，但我们必须首先定义什么是更多，或者什么是更好，然后我们才能开始制订一个计划来实现它。

仪式

仪式有许多功能，特别是当我们了解它们的目的时。

即使我们不了解，它们也能为我们指明正确的方向，直到我们弄清楚为止。

仪式是有目的的习惯。

仪式的目的是让你做好参与一项活动的准备，这项活动可以促进你努力过上自己想要的生活。

明确意图

你会注意到我没有说参与一项可以进一步实现你的目标的活动。当然，这是其中的一部分。

但随着时间的推移，当我们把我们的行动融入日常生活中时，行动不再像之前那样和目标有关，而更多的是指你的生活和工作方式要与你想要的生活保持一致。

我没有说朝着你想要的生活努力。

这都是其中的一部分。

我们不止是在努力实现某件遥远的事情。

重获注意力能量的关键是要以我们希望的方式去体验生活。

关键是要把我们的生活过成"就像是那样"，而不是"如果当时是那样"。

在我让你考虑你真正希望实现什么目标之前，这一点清楚吗？

我们正在为某事做准备，所以我们来回顾一些事情：

- 我要求你明确你的意图。
- 我要求你清除障碍，排除干扰。
- 我们已经谈论过框架，以帮助你在事情不可避免地走入歧途时重新获得注意力。
- 我们还谈到了反思和专注于"亮点"，目的是发扬我们的优势而非纠正我们的弱点，并从一个更大的目标转变为实现它所需的每日行动。

📱 按序操作

为了**把成功放在你的道路上**，我们使用一种实物提醒，比如将我们的鞋子放在床边，以支持我们完成日常行动，从而达到我们期望的结果。

然而，我们需要做的不仅仅是穿上鞋子好让我们出门。

准备好一切是一回事，但说实话，如果我们先穿上了鞋子，就很难穿上其他服装了。

用最简单的话说，准备工作有一个操作顺序。

当我们知道了这个操作顺序，我们就可以构建一个例行程序，如果这个行为真的很重要，我们可以把它变成一个仪式。

📱 例行程序和仪式

我不希望你我之中的任何一个人沉迷于文字游戏，随便你怎么说都行。话虽如此，但我还是想说我是如何看待例行程序和仪式这种差异甚大的表述的。

我认为例行程序是一种更有形的东西，一种由我们的身体执行的物理行为。例如，每天早上刷牙就是一种例行程序，早上穿衣服也是一种例行程序。

例行程序有它的目的，当然也肯定是有用的。

仪式是庄重的。它们可能具有物质元素，但它们也是一种精神锻炼。因此，仪式提供了一个平台，让人们参与到有意义和有可能改变生活的事情之中。它们帮助我们排除干扰并专注于当前的情况和我们的目的。

你有没有见过一位职业棒球运动员或一位大学垒球运动员踏触本垒板？

顶尖球员有一套仪式。

当他们进入击球区面对投手时，他们会做出一些动作或一系列动作。

这不仅仅是一个身体的例行程序。

它的目的是帮助他们专注于眼前的时刻。

罚球线上的篮球运动员也是如此。他们可能会拍三次球，将球在手中旋转，再拍两次，闭上眼睛，睁开眼睛，呼气，然后投篮。

有趣的是，上述两个例子都发生在用时非常长的比赛中相对较短的时刻。它们是单独发生的，需要不同程度的参与和关注。

与之类似的还有网球运动员。比赛可能持续数小时，但在每次击球前都有一些时间。

塞雷娜·威廉姆斯[①]（Serena Williams）和许多其他球员在每次发球前都会举行仪式，以此使自己的头脑和身体做好准备。

仪式并不能保证比赛成功。如果仪式能够保证成功，那就太容易了，我们可能都会使用它们。

---

① 塞雷娜·威廉姆斯，美国女子职业网球运动员，是同时代著名女子网球运动员维纳斯·威廉姆斯的亲妹妹，所以通常称呼她为"小威廉姆斯"，简称"小威"。——译者注

话虽如此，但他们所做的是让你的头脑和身体处于最佳状态，从而完成你要做的事情。这就是它们的用途。

参与仪式很重要

行为科学家迈克尔·I.诺顿（Michael I. Norton）和弗朗西斯卡·吉诺（Francesca Gino）进行的研究已经表明了仪式的积极影响[21]。虽然还有更多的研究要做，但诺顿和吉诺已经证明，当仪式得到执行而不仅仅是被观察时，仪式改善了整体体验。

诺顿和吉诺正在继续他们的研究，希望在他们早期发现的基础上更进一步，但他们的早期发现，加上体育、戏剧、音乐和其他学科顶级表演者提供了越来越多仪式的逸事性证据，凸显了仪式的价值。

当然，这就是我们讨论的内容。我们讨论的是你通过执行仪式来改善你的体验，因而你在你确定的这些实际任务中的表现将帮助你实现目标。

那么，这看起来是什么样子的呢？

仪式的组成部分

仪式是一种具体的、重复的、有规律的方式，你以这一方式执行一种行动或为这一行动做准备。

仪式通常有若干特定的物质组成部分和一个精神组成部分。

仪式是有用途的。

在构建或执行仪式时，限制对外部事物的需求也会有帮助，例如必须拥有完美的设备才能执行仪式。

最重要的组成部分之一是控制权掌握在仪式的执行者手中，仅仅依赖于他们的行动来使其身心与目标保持一致。

在棒球运动员上场击球时，是的，他们需要一些工具和设备，但这些都已经就位。

仪式包括球员如何踏触本垒板。他们把脚放在哪里，把手放在球棒上的什么位置，或者他们在两次投球之间做些什么来为接下来的事情做准备。

行动中的仪式

同样，重要的是注意到仪式与你用来**把成功放在你的道路上**的过程是不一样的。话虽如此，但你可以将行动仪式化。

为了提高我的效率并改善我对铁人三项的心态，我把骑自行车的方式仪式化了。

在准备好所有装备、选择好路线、安排好时间，并确保为成功骑行做好一切准备之后，我开始骑行的仪式也很重要，而且非常具体。

每次我骑自行车进行训练时，都会把装备摆放得和在铁人三项中的换项处一样。

一切准备就绪之后，我光着脚走近我的自行车，戴上头盔并扣上扣子。

我穿上鞋子，戴上太阳镜，慢慢把自行车推到我的车道尽头，跳上去，换一口气，按下手表上的计时器，开始骑行。

列出物理步骤或观察这个过程，这似乎是一个例行程序。当我用这个例行程序改变我的心态时，仪式就发生了。仪式为我们指出什么是重要的。

在塞雷娜·威廉姆斯第一次发球之前，她弹了5次球。在她第二次发球之前，她弹了2次球。她每次都会这么做。

在上述两种情况下，所有的准备工作都已经做好，装备已经就位。

但这两种却是不同的。第二种完全是将步骤仪式化，从而让你的思想做好准备。

准备中的仪式

选择2个有助于你实现总体目标的日常行动（如果你觉得你有更大的雄心，可以选择更多）。利用你确定的日常行动把成功放在你的道路上。

在做重要的事情之前，创建一个简短的清单，列出你可以执行的简单步骤，让自己调整好心态。

以下是一些建议：

- 在发表演讲之前。我闭上眼睛，问自己2个问题。我在对谁讲话？（这有助于我专注于我的听众）我希望传达什么信息？（虽然我肯定知道这一点，但这只是一个以问题形式进行确认的内容。换句话说，"你知道自己在做什么"）

- 在比赛之前。我想象赛道和步骤（游泳、第一换项区和所有步骤、自行车、第二换项区和所有步骤）。

- 在写作之前。我闭上眼睛，问我自己，"我在给谁写？"和"我在写什么？"

- 在吃东西之前。我们全家一起进行餐前祷告。我们总是以"每天都帮助自己成为更好的人"的合唱结束。

就像演讲或比赛一样，它不必是你每天都要做的事情。

然而，这是你每次练习或排练时可以做的事情。

如果你的仪式让你的头脑做好了准备，这样你在进行一项活动之前就有一种驾轻就熟的感觉，那该有多神奇？

列出你一天中所有的机会，你会因为在进入这一天时做好准备（或者仅仅提前决定自己要做什么）而受益。

这类似于**把成功放在你的路上**这一想法。寻找你的一天中有哪些方面是你可以在不得不做出决定之前就做出决定的。你不需要同时做所有这些事。这不是一夜之间发生的事，但请列出一张清单，说明你可以在哪些方面为自己特定时间段的行动做好准备。

也许是决定你每天上班之后头30分钟会做的第一件事是什么，也许是决定你会穿什么、吃什么，也许是晚餐计划或者你的锻炼安排。你随便选择什么都行。

从你的清单中挑选几个项目（或者挑选更多项目，如果你渴望这样做的话），并在你的一天中做好准备。

准备工作可以帮助我迅速参与到一项活动之中，让我确信已经做出了关于时间的正确决定，而且我有了投入工作需要的东西。

通过屏蔽外部干扰，特别是那些感觉像工作或确实是工作的干扰，规则帮助我保持专注，因此规则可以很容易被证明是合理的。我一直告诉自己，别担心，你会做到的。

空白页帮助我克服内部的干扰。从记忆力衰退和"让我现在就做那件事"的呼唤，到内心的批评者告诉我，我做不到或者我做错了。

我需要说明，所有这些都需要时间。这并不容易，你会错过一些日子，打破自己的规则，那一天会远离你。这没关系。重新开始就好了。

我的一天中仍然有干扰，这些干扰瓦解了我的生产力，要求我做出不同的决定，并阻止我进行锻炼或完成一个项目。生活中时常发生这样的事。

但随着时间的推移，日子变得更加容易。顺利的日子开始超过不顺的日子，甚至在不顺的日子里，你也会开始意识到日子并不像过去那样艰难。

做出感性决定

鼓励人们做出感性决定是一件奇怪的事，但做出植根于情感的决定，更确切地说，做出植根于有意义之事的决定，是有强有力的理由的。

长久以来，我们一直被告知要将情感从我们的决策中去除。

我们被告知要发挥我们的理性和逻辑认知能力来获得成功。

我当然不是主张我们应该完全放弃这种方法。

我是说，我们需要大量的意义和情感联结来帮助我们做出更好的决定。

利用情绪的力量

在你我的生活中，失败尝试的清单可能相当长。

你需要一份清单吗，或者你能自己想出这份清单吗？

如果你回想起那些失败的努力，我打赌你很容易就会发现，数据、理性和逻辑并不总是对我们有帮助。

我们可能已经掌握了告诉我们做正确之事的信息，我们可能已经试图把我们所有的意志力都用上。但不知何故，我们仍然没有达成目标。

但请花点时间回顾一下你最重要的个人成就和职业成就。如果它们像我的个人成就和职业成就一样，它们就充满了感性的决定和行动。

你通往成功的道路是有意义的。

这并不是说这个过程没有痛苦或挑战。

这并不是说我们没有深思熟虑地考虑基本数据，或者没有采取合理的方法。

需要清楚的是，运用情绪来做决定并不意味着轻率或冲动。

相反，我们正在利用情绪的力量。

它们是推动我们改变的力量，支持我们度过最艰难的时刻。

当我们面临一个艰难的选择时，我们的情绪将我们与我们将要做的事情的意义联系起来。

🔖 使目标有意义

从2007年开始，我参加了克里斯·布罗根的"我的3个词"项目。

选择3个词的目的是把它们作为一整年的路标，让你始终走在你所设定的道路上。

这些词不是目标，而是为了使你与你的目标的意图保持一致。我的目标是有意义的。我试图利用情绪的力量。

如果你试图改善我的健康状况，你的其中一个词可能是玩耍。

这是个很好的词。玩耍是一个很好的提醒。

如果我们把它充实一下，让它以情感和意义为基础，它就会变得更加强大。

把它与例如"我想变得足够健康和健壮，可以与我的孙子孙女一起玩耍"这样一个感性陈述联系起来，就给这个词赋予了重要性。

现在，这不仅仅是我设定的一个目标，而是我正在写的一个故事。这个故事有人物、有关系、有联系，它具有个人意义。

逻辑和理性可以告诉我们，活得更健康是有意义的，但我们由和孙辈一起玩耍的画面所唤起的情感可以帮助我们一路上做出更好的决定。

🔲 "昨晚的自己"

你知道"昨晚的自己"吗？

他最近多次出现，我已经成为他的一个狂热粉丝了。

我应该说，有很多证据表明他已经出现了。他为我所做的简单行动改变了我的生活。我非常感激。

也许你熟悉这个人，或者至少熟悉他们这类人。

我的"昨晚的自己"恰好是男性，英俊、机智、非常聪明。但我暂时跑题了……正是这个人会做所有使你的生活变得更加轻松的小事：

- 他在前一天晚上煮好咖啡。
- 他提前给汽车加油，这样你就不用在早晨上班途中停下来了。
- 他把你第二天早上需要的衣服摆好。
- 当你来到你的办公桌前开始你一天的工作时，他已经为你安排好了一切，让你直接投入工作。

听起来很神奇，对吧？太有帮助了。

唯一比"昨晚的自己"更好的人，是"去年的自己"。

"去年的自己"是这样一种人：他为我存钱以备不时之需，为我想去的旅行或为我的退休生活存钱。

正是这些小事将"去年的自己"提升到了非比寻常的地位。

当"昨晚的自己"和"去年的自己"两人一起工作时，我感觉势不可挡。

🫶 同情

你会认识到这些行动是**把成功放在你的道路上**的一种形式。

当我在不得不做出决定之前就已经做出决定，而且我需要的一切都已准备就绪时，我就不需要再依靠我的意志力来完成一项任务了。

我消除了所有分散注意力的决定，这些决定可能会暂时使我偏离方向。

但是，让我们坦诚相待。这并非总是那么容易。

有时候我们很累，不想为"明天的自己"煮咖啡——他当然知道怎么煮咖啡。东西都在那里，让他去处理吧。

"今晚的自己"想再看一集《了不起的麦瑟尔夫人》，然后上床睡觉。

但事实证明，有两种可以使这一切变得更加容易的关键情绪在起作用。

我提到了我是多么感激"昨晚的自己"为我做的一切，尤其是当他知道我必须起得特别早或繁忙的一天在等着我的时候，我更加感激。

正是他意识到这个事实和他对我的同情激发了他使事情变得更容易的渴望和能力。

把成功放在你的道路上并不是一个一蹴而就的方法。它需要持续的循环，感恩和同情是这个循环的关键。

认识到意志力等认知功能的本质有缺陷和局限性后，研究人员已经转移了他们的注意力。

最近的研究将情绪作为一个关键，并证明感恩和同情对实现我们的目标有着重大影响。

心理学家戴维·德斯迪诺（David DeSteno）在他的《情绪：为什么情绪比认知更重要》（*Emotional Success*）一书中展示了这两种情绪是如何提高我们的自控力的[22]。

简而言之，当我们体验到感激之情时，我们就不会那么冲动，并且会做出更好的决定。

当我们体验到同情时，同情也会抑制我们更草率的本能。

此外，这些情绪的好处是可以转移的。我们不需要为了帮助某个特定的人而去体验同情。

一般来说，培养同情心的行动可以提高自我控制力。感激之情也是如此。

德斯迪诺指出，人们在经历了其中一种情绪之后，"做正确的事"的可能性会提升至原来的三倍。

在一项这样的研究中，参与者们在体验了同情心后，倾向于为退休生活储蓄两倍以上的资金。

难怪**把成功放在你的道路上**如此有效。

从很多方面来说，正是感激和同情的不断循环在推动着我们的持续行动。

当你觉得很难坚持自己的计划，或者你因为自己缺乏意志力、决心或勇气而自责时，一种更加感性的回应是有必要的。

感恩的力量最简单的形式是，它可以立即转变我们的视角。

我们可以非常迅速地从一种状态进入另一种状态——从对我们必须做的一切感到不知所措到沉浸于我们拥有的一切。

就我个人而言，我从来都不擅长日常感恩。

我更容易感到焦虑，总觉得自己做得不够，不知道接下来需要做什么。

这不是一个理想的感恩方式。

我的两个简单的措施

措施一

前段时间，我和我最小的孩子一起读完了《哈利·波特与魔法石》（*Harry Porter and the Sorcerer's Stone*[①]）。我们每晚读5或10页，直到她盖上被子，将头枕在枕头上，眼皮变得沉重。这是结束

[①] 此为美国版英文书名，英国版英文书名为*Harry Porter and the Philosopher's Stone*。——译者注

阅读的好时机。

每一个新的夜晚，我都会以"当我们上次离开哈利时……"开始，然后我们继续往下读。

措施二

每个工作日，我都是家里第一个起床的人。

多年来，我在早晨的例行程序是把4个孩子中的3个推到半清醒状态，然后下楼到厨房去。

每天早上我都会煮一壶咖啡，然后做3个火腿加鸡蛋的早餐三明治。我会用铝箔纸把它们包起来，放在炉子上保温，直到要离家开车去学校。

我不该多虑

我焦躁不安，忧心忡忡。我一直想知道自己正在做的是否足够多或者已经做了足够多的事。部分原因是为人父母导致的。

和你一样，一天结束时我也很累。当然，没有一个孩子真的想上床睡觉。我与女儿之间的协商很早就开始了。我并不总是有我想要的耐心，但我们最终还是找到了让女儿上床、读书和睡觉的方法。

在太阳升起之前起床也没什么意思。有一屋子孩子的早晨并不总是一帆风顺的。孩子们找衣服，拿书本和作业，出门，这些扰人的事情有时会让人发狂。

就是这些事掩盖了这些时刻简单的完美状态。

我可能会想，在我女儿睡着之后或者我把孩子们送到学校之后会发生什么。而这就是为什么我觉得自己太多虑了。

我可以拿着一份热腾腾的定制早餐送3个大一点的孩子去学校。我开车送他们去学校，有时候沉默不语，但我们总是在一起。

我花时间和我女儿一起读书。我们谈论已经发生的事情，并思考可能发生的事情。只有我们两个人在一起。

难道这不是有成就感的东西吗？难道这些不是值得庆祝的目标或值得享受的奢侈品吗？

有时候，我们所追求的更大目标会在我们日常生活的小细节中显示出来。它们以微妙的、被忽视的方式出现在我们意想不到的地方。

虽然我永远不会停止担心，但这些时刻至少是每一天中应该感激的时刻。

🔲 我需要行动

所以在这一点上，你可能会说这样的话，"好吧，罗布，我可以计划一整天。我可以想出一个目标，我甚至可以把它分解成小块。我的问题是坚持计划"。

听起来是不是很熟悉？

即使在使用这些方法多年之后，我也还在为此挣扎。归根结底，要想从最初的几个日常行动，甚至是最初几周的日常行动出发，达成你的最终目标，就必须坚持不懈。

当我第一次决定开始跑步时，我甚至没有一个最终目标。它只是一个每天跑一到两千米的目标。

就在这之前，我的一次经历让我明确地意识到我需要改变自己的饮食和健康状况。这是综合作用的结果：受他人启发和意识到我需要摆脱旁观者的身份，成为行动的一部分。

个人说明：在我15岁时，在一个温暖的夏末星期五下午，我从一场季前橄榄球比赛现场回到了我就读的高中，这是经常发生的事。只是这次我投出了我有生以来的第一次触地传球，我满脑子想的都是回家告诉我父亲。

事情变化很快。我去我母亲工作的地方取车。母亲的一名同事兼家庭好友把我拉到一边，告诉我，我父亲心脏病发作，现在在医院里。我母亲和他在一起，但把车留给了我。

我有点茫然，但15岁的我完全不知道该做什么，我取了车，回家接我妹妹，然后前往医院。

那是一段30分钟的车程，我记得在州际公路上行驶时，我从一名州骑警身边飞驰而过，但他没有让我靠边停车。

其他的我什么都不记得了，只记得我到达急诊室时，看到了母亲脸上极度悲伤的表情，听到的话只是证实了我见到她那一刻我就知道的事情——我父亲已经去世了。

接下来的事情在此时此刻并不重要，只是要说这一点：我父亲去世时才37岁。他的父亲去世时也是37岁（同样是死于心脏病）。

说我自己的健康和幸福背负着一个重担，这是一种保守的说法。然而，即便如此，我也并不总是做出最好的选择。我并不总是能做到合理饮食或锻炼身体。我并没有表现得像一个应该对每一天心存感激的人。

在我开始跑步之前，我的经历明显不够深刻。这感觉很微妙，我只是站在场边，观看当地的一场小型比赛，等待其他人完成比赛。我和另外两个男人站在一起，他们都在抽烟，都明显肥胖超重，还都在吃甜甜圈，而其他人都在奔跑。我没有抽烟，也没有吃甜甜圈，但我只是站在那里，什么也没做。

从鼓舞到坚持不懈

鼓舞可以让你开始行动。不过，鼓舞很像意志力。我们只能使用它这么久，然后我们需要其他系统来支持我们。

我受到了鼓舞，于是我在一周之后开始跑步。

起初，我被自己对新事物的兴奋感所驱使，被改变的想法所驱使，我因此走上一条道路，开始跑步。

几周之后，有几天我没有跑步。

有几天，我不是找不到手表，就是手机没有充电，又或者是跑步服脏了，等等。

我受到的鼓舞、我的兴奋劲和我的意志力并没有在所有这些干扰中维持我的动力。

这就是为什么我把鞋子放在床边以便坚持不懈地采取行动。

你会注意到我没有说完成我的目标。我们知道，通过从你的目标倒推到确定的日常行动，你可以确保自己的行动和目标相一致。

然后，当我们每天工作和完成日常行动时，目标就会出现。

多年来，我一直背负着一段难以启齿的家庭健康史，多年来，作为一个父亲，我对这段历史的了解更加深刻，正是情感的鼓舞和用来**把成功放在我的道路上**的工具的结合撑起了我的努力。

在不到两个月的时间里，我从不跑步到完成了自己的第一个5千米跑。后来我又跑了几次5千米比赛，然后是10千米比赛，并尝试了铁人三项。从我完成第一个5千米跑到现在，我已经完成了一次全程马拉松和5次铁人三项，包括半程铁人距离（约113.137千米）。

在那场比赛中，我的比赛号码布背面有我父亲和我岳父名字的首字母缩写。

在我完成任何一场比赛之前很久，包括在我完成半程铁人三项之前很久，我就已经游泳、骑自行车和跑步长达几个月，并花好几周时间完成了非常具体的训练计划，我在孩子们醒来之前起床，在他们睡着之后跑步、骑车或游泳。

这需要我以感性的动机为基础并确定日常行动。

每天晚上，我都会决定我接下来的训练计划是什么。

我对"明天的自己"感到同情。在缅因州寒冷的冬天起床跑步是一件很困难的事情，所以我提前为他准备好一切，**把成功放在他的道路上**。

每次跑完步，我都对我的跑步经历心存感激，自信地认为我已经做了当天需要为我的长期目标所做的事，并因为自己在当天的成功而备受鼓舞。

行动小贴士

感性决定的力量在于它为我们的目标提供了一个动机之锚。它赋予了"小、大、小"框架中的"大"目的和意义。

这就需要我们回到对把成功放在你的路上的核心要素的理解上，从而提前确定和决定我们完成计划所需的东西以及实现目标所需的日常行动。

你的情感动机是什么？

你需要什么来维持你的日常行动并使其与你的目标保持一致（时间、工具、装备、信息，等等）？

你如何通过提前决定并准备好你需要的东西从而把成功放在你的道路上？

第七章
提前做出决定

　　我给那些在注意力和时间管理方面苦苦挣扎的人提2个简单而具体的建议：

　　（1）提前决定你想要做什么。

　　如果我们把决定搁置在当下，我们就不是在做决定，而是在做出反应。在每天结束之际留出时间，用来提前决定第二天的日程安排，有助于让你专注于你所确定的优先事项。

　　（2）制定规则并遵守规则。

　　我曾提到过这样的规则：在我的项目上投入至少2个小时之前，不要查看电子邮件或社交媒体。这意味着没有短信，也没有来电。

　　在最近的一次会议上，我与一些不知道自己为什么会到场的人进行了交谈。他们还没有弄清楚有哪些研讨会可以参加，或者他们想参加哪些研讨会。

　　我所知道的是，这些研讨会将提供足够的策略和方法让我坚持听一段时间。我还知道，我去参加研讨会是要学习什么，向谁学习，以及为什么学习。

⬢ 采取自信的行动

作为一名导师和顾问，我的主要职责是让客户能够做出自信的决定。

我们讨论日常决策以及个人和企业领导力所面临的更大挑战。我提出2个问题来帮助确定事情的框架：

（1）这看起来是什么样子的？

我们已经讨论过这个问题，但它值得重温。

商业中的许多想法和选择都是以诸如此类的短句开始的："我认为我们应该……"或"如果我们做更多这样的事会怎样？"

"这看起来是什么样子的？"这个问题将我们带到行动之地，带我们从疑惑走向展望。

正如你所想象的，它也提出了其他问题，这些问题有助于我们澄清目标并了解我们在前进之前需要理解什么。

这就是我提出另一个问题的目的。

（2）你会利用什么信息帮助自己自信地做出这个决定？

更具体地说，知道发生什么情况才能让你说"行"以及什么情况会让你说"不行"，是很有帮助的。

你很有可能已经形成了一个用于决策的直觉框架。这些问题的目的是帮助你利用自己的经验和你（往往是在不知不觉中）倾向的优先事项。

给我一根足够长的杠杆和一个放置它的支点，我就能够撬动这个地球[23][①]。

当我还是一个孩子时，我的想象力总是勾勒出长长的杠杆和世界的大小。但一切都取决于那个支点。

你可以撬动地球

可以说，**把成功放在你的道路上**是一种方法，旨在增加实现目标的可能性。

话虽如此，但它比这更加具体。**把成功放在你的道路上**是一种方法，它帮助你就完成目标所需的步骤采取行动。

简单来说，这个概念可以压缩为几个明确的行动：

（1）提前决定你想做什么。

（2）提前准备好你需要的一切。

例如，如果我需要每天早上跑步，以此作为自己马拉松训练的一部分，那么，如果我在前一天晚上做出决定并摆放好我所有的跑步服以便出发，我就更有可能去跑步。

在阿基米德的陈述中，他的目标是撬动地球，但没有说撬动多远，也没有说要达到什么目的。他知道的是，正确的杠杆和一个适

---

① 阿基米德的一句名言，原话通常被简单译为"给我一个杠杆，我就能撬起地球"。——编者注

当放置的支点会让地球移动。

支点至关重要

对于很多有健身目标的人来说，最大的挑战并不是跑步或锻炼行为本身。很多时候，需要克服的最大障碍是他们身处的位置和走出家门或进入健身房之间的距离。

如果我走出家门或步入健身房，我做我在那里要做的事的可能性就会大得多。

虽然我更大的目标可能是跑半程马拉松，但这只有在我坚持跑步的情况下才会实现。为了让自己坚持跑步，我需要穿上我的跑步装备到室外去。

如果我提前决定第二天早上要跑步，我的支点就是确保我已经准备好一切。我必须**把成功放在我的道路上**，并利用这一关键时刻启动一切其他程序。

前一天

在你准备结束你的一天之前大约1个小时，亲手写出你在一天的前2个小时要做的3～4个项目或几个项目的若干部分。

要具体明确，并将项目的范围限定在你能够在合理的时间内完成的事情。例子如下：

- 为新产品发布建立登录页面——30分钟。
- 在客户关系管理（Customer Relationship Management，缩写

为CRM）软件中更新最近的会议记录——20分钟。

说明：如果有必要，收集这些项目可能需要的任何东西。想想"床边的衣服"。

当天

到达工作岗位，或者你的工作场所。

回顾你的清单。

开始工作，并立誓从你到达工作岗位起的2个小时内只做这些项目。

不要回复信息，直到你结束你的2个小时工作内容。

不要接听电话（如果有必要的话，借用前面提到的"两次呼叫"规则），直到你结束你的2个小时。

不要查看电子邮件，哪怕是在手机上查看，直到你结束你的2个小时。

不要查看社交媒体，直到你结束你的2个小时。

保证在接下来的2周里每天进行这2项练习。

你选择在剩下的时间里做什么取决于你自己。我吗？我可能会选择去海滩。

确认你所做的决定

让我们坦诚相待。你的一天变化并没有那么大。你可能睡在同一张床上，你的衣服放在同一个壁橱或五斗柜里，你每天在同一个洗手池前刷牙，你在同一间厨房吃饭，开同一辆车去上班。这就是我们的现实。

然而，不知何故，我们感到有必要变得富有创造性。我们在不需要决定的领域做了决定：

- 你是否曾花时间找钥匙？
- 你是否曾纠结早餐应该吃什么？
- 你是否曾花时间找袜子、鞋子、裤子，不完全确定你应该穿什么？

我也是。

我们为什么要这样做？我们为什么要在生活中已经有了简单例行程序的基本框架领域做出决定？

我们为什么要让事情变得困难？

花15分钟左右的时间，写下所有你正在做出不必要决定的生活领域，确定你可以在哪些领域简化你的日常工作。

找到最简单的路径

这其中有一个重要的原因。不是因为我想让你在家里走来走去，审视你生活的方方面面，在你的待办事项清单里增加内容。

不是这样，而是因为我想让你训练你的大脑去寻找最简单的路径。我想让你自己看看你在哪里给各种情况增加了不必要的复杂性，让你听到指导你的那个声音，并记住，这个声音知道下一步该做什么。**请注意，我并没有说它总是知道答案，但它确实知道下一步要做什么。**

想要实现你的目标，除了有最简单的路径之外，你还需要付出努力。但当你确定了最简单的路径，你就清除了障碍，决定也就被排除了，这不过是执行问题。

这里有一个例子：

如果我的一位客户告诉我，他们的目标之一是今年创造50万美元的收入，我们就简单地说一下。

我会提出自己最喜欢问的问题，"这看起来是什么样子的？"在这种情况下，我们运用"你的一天就是你的一周，你的一个月，你的一年"这个理念返回到分解目标的过程。

最近，我和一位客户经历了这个过程：

年度目标：50万美元

月度目标：41666美元

每周目标：9600美元（我们认为大约是这样）。

我们稍早前在第五章做过这个练习。在这里，我们将更加具体地加以讨论：

- 告诉我你今年会花几周时间度假？

- 告诉我你有几周时间会外出休假，超过一天的假。

- 你的业务是否会遇到这样的情况：有那么几个星期，你知道自己在此期间什么都卖不出去？

- 你在一年中到底还剩多少个周？

对这位客户来说，他最终觉得自己有大约42周时间会积极从事销售工作。

这极大地改变了代表每周目标的数字。

如果他用一年中的52周来分解他的目标，他最终会得到一个每周接近9600美元的数字。而实际情况是，他需要每周争取获得12 000美元左右的收入。

基于你的产品价格，交易数量将有一个巨大的差异。

根据这一差异，我们确定了他需要打多少个电话才能完成创造12 000美元收入所需的10笔销售。

因为他通常的成交率约为25%，结果是每周要打出约40个电话才能达成10笔销售。

这意味着他每天必须打8个电话。

有那么简单吗？

是的，就是这么简单。对这位客户和他今年创造50万美元销售收入的目标而言，他只需要每天打8个电话。就是这样。

说明：通过使用与此完全相同的方法，佛朗哥收获了他最好的一年。

有那么容易吗？

不完全是，因为这需要努力。但我们确定了赚到50万美元的最简单途径（对这位客户而言）。我们使用了关于他的历史成交率和产品价格的非常具体的信息。

他也知道，拨打电话等于达成交易。你找到客户的道路可能没有那么清晰。

留下必要的决定

为了避免你认为我们遗漏了什么，这条简单的路径还带来了另一个决定。当然，他"只需要打8个电话"，但他应该给谁打电话呢？

我采用了同样的过程来弄清楚这个问题。

假设他必须寻找8个合适人选，那么现在的问题是要弄清楚上哪儿找到他们。

对他来说，大部分电话都是打给现有客户，要求客户续约或升级，打这样的电话只是确定哪些客户应该续约或升级的问题。

然而，这里有一个可以使打电话变得更加简单的真正技巧。

在每天结束之际，他选择了自己第二天会致电的8个人。

他确定了名单上每个人的名字和号码，他需要的基本信息就在身边。

你认为这些电话更容易拨打吗？

当然了，因为他提前做出了决定并通过以下方式把成功放在他

- 知道他有8个电话要打。
- 在前一天晚上列出一份包含姓名、联系信息和其他一些细节的清单。
- 安排时间。
- 拨打电话。

当海军军官告诉他们的舰员清理甲板准备战斗时，他们会移走甲板上不需要的物品。他们不会清理所有物品，大炮还在那里。

他们清除了他们不需要的东西，并在他们面前摆放了完成手头工作所需的工具。

采取行动

我希望你能用类似的过程来简化你的一个目标。把你的目标看作一个整体，并通过使用一个类似于上述框架的框架并问自己："这看起来是什么样子的？"把它分解为更小的日常行动。

与其让你通过上面的精确公式来实现你的目标，我反倒希望你能指导自己：

（1）选择一个你为自己设定的目标。

（2）确定你为实现该目标需要采取的日常行动。现在，用

最简单的词语加以表述。

我（并要求你）现在做到过于简化是有原因的。我也想要你倾听你导师的声音。

从最终目标开始。仔细审视你为了实现最终目标所需采取的最简单的日常行动。

把这个方法用在几个不同的目标上。

清除障碍

你和最有效的日常行动之间存在的一切只是决定和干扰。

如果你每天想喝更多水，冰箱里的任何其他饮料都是干扰。

如果你想吃得更好，你家里任何不在你计划中的食物都会促使你做出决定，同时也是干扰。

如果你想提高工作效率，你办公桌或电脑桌面上任何与你当前的项目无关的东西都是决定和干扰。

我今天看了一眼我的办公桌，上面有几堆东西。没什么是重要的，但这些东西是我打算处理的，要么归档，要么记录一些信息。

问题是，每次我看它时，我都要做一个决定。这很微妙，但确实存在。我必须在本质上假装它不存在，决定下次再处理，然后开始做我决定做的任何项目。确切地说，这不是一个目标杀手，它只是存在于我和我的目标之间的某样东西的另一个例子。

你确定了完成你的一些目标所需的日常行动。接下来的问题是，为了**完成**这些行动，你需要什么东西出现在你面前，或者你需要去除什么？

每当你试图改进或朝着一个目标努力的时候，你都要确定（物质上的）阻碍是什么以及（或者）你需要什么才能更加容易地完成一项行动。

对那8个销售电话而言，这意味着在前一天晚上将8个人的名字、号码和备注列在一个清单上，从而让打电话变得更加容易。

如果你试图多锻炼，就把你的所有装备都准备好。

如果你试图吃得更好，就把你就餐所需的食物都准备好。

请记住，清除障碍既要留下必要的工具，也要去除不需要的东西。

无论我们认为自己有多聪明，我们都无法免除这一需要。

重新掌控你的决定

我们就是这样重新掌控自己的决定的。

反射性决定以及它们邪恶的孪生兄弟反射性行动的影响一直都在伺机而动。

我们都遇到过这样的情况：手机电池已经没电了，但我们还是不断地、条件反射地查看手机，忘记它已经不工作了。

我们都曾拿起手机查看某样东西，却发现自己深陷4个应用程序之中，完全忘记了要找的东西。

这些决定耗尽了我们的精力。我们不是在有目的地行事，而是根据条件反射做出反应。

但我们如何重新获得掌控自己的决定的力量呢？

与大多数事情一样，答案很简单，但并不容易。

提前做出决定

我们需要决定一天中的大部分时间如何度过。我们起床后的最初时刻会不会充斥着一连串的通知？或者我们会不会在寂静的早晨进入新的一天而不被别人的要求所束缚？

设定规则

你的生活就是你的规则。信不信由你，你可以确立界限，明确你何时可以为客户腾出时间，你可以为你何时回复电子邮件设定规则。你可以决定。

如果我们确实倾向于设置一套"默认回复"，为什么不改写这些默认设置呢？

设计你自己的一套"如果，那么"声明，让它指导并保护你免受不利于你或你的业务的反射性决定的影响。

通过提前决定，制定对你确实有用的规则。以下是几条供考虑的规则：

- 我从不冲动购物。
- 我只吃我认可的饮食计划中的东西。
- 我每个工作日晚上9点50分上床睡觉。

去吧。为自己制定一份规则清单。什么会有助于打造你想在事业中与家人一起拥有的体验？

重新掌控你的决定，一次一条规则。

任何决定和行动都要深思熟虑，这对实现任何目标、愿望或其他我们可能选择的变化是不可或缺的。当然，除非你满足于每天早上醒来时说："好吧，我想我们会看看今天的情况如何。"

当我们在如何花费时间、我们想要完成什么以及我们需要做什么才能达到目标方面不够深思熟虑的时候，我们确实有一种倾向，即让自己受到他人想法的影响。

做出有意识和有意图的决定

这就是深思熟虑的本质定义。我们追求的成功要求我们寻找机会做出有意识和有意图的决定，而且这些决定必须与我们的使命和目标相一致。到底还有什么其他选择呢？

你我都很清楚其他选择是什么。在某一时刻，你已经带着不确定性进入了你的一天，开始处理收到的电子邮件、一个电话或者从你办公桌上几十张便条中随机选择的便条。这不是有意识和有意图的；这是盲目和保守的。

这并不容易

深思熟虑需要更多的努力。为我们的行动设定一个意图并有意识地做出决定。首先，它需要准备。不仅仅准备好你所需要的一切，尽管这是一个很大的部分，它还需要你在必须采取行动之前早早地让你的头脑做好准备。

例如，当你试图更加专注时，理解那些与你作对的力量是有帮助的。简单来说，慎重行事的第一步是记下那些一天中让你分心的事情。

消除决定

我们生活中的大部分干扰都是由我们无论如何都不应该面对的"当即"决定造成的。我们让自己受制于那些对自己的目标不利的决定。

慎重行事的另一个步骤是找到消除"当即"决定的方法。

我是吃香蕉还是冰激凌？ 如果没有冰激凌，选择香蕉会更容易。

我是打开社交媒体还是写文章？ 如果你设定了如何使用时间的规则，写文章就会更容易。也有一些软件可以帮助你远离社交媒体。

我是去跑步还是继续在办公桌前工作？ 安排好你要跑步的时间，并准备好你需要的一切，可以帮助你更容易地做出决定。

我今天是打10个销售电话，还是查看收件箱，看看是否有人给我发了什么重要的东西？ 准备好名字和电话号码以及打电话的时间会有帮助。此外，确立一个规则，规定只有在你需要某样东西的时候才去查看电子邮件，而不是在你找事情做的时候。

做好准备

每天去健身房训练的人似乎有这种可以在当下做出正确决定的巨大力量。

事实是，他们并不是提前5分钟才决定锻炼的。

是的，去健身房的决定是在前一天晚上，或前一个星期，或前一个月做出的。他们已经知道今天是"健身日"。他们的衣服已经准备好了。锻炼的内容已经选定。

因此，去健身房这个经过深思熟虑的行动就变成了实现已经做出的决定，并在规定的时间出现在预定的地点。

如果你试图当即做出最佳决定，机会并不降临在你或任何人身上。

真正的诀窍是提前确定家里有什么对我们是重要的，什么对我们的生意是重要的，以及我们应该如何使用我们的时间。

当我们准备并提前决定我们要将自己的注意力和精力引向何处时，有意识地和有意图地当即采取行动是一个更加容易的选择。

我们就是这样找到刺激和回应之间的距离的。

技术规则

人们喜欢谈论或询问哪些应用程序是最好的，或者使用哪些（款）软件。对我来说，最有趣的事情莫过于帮助人们获得清晰的认识以便他们能够采取行动。

话虽如此，但我确实想要分享一种应对技术的方法，更重要的是，这种方法之所以有效的原因。

谈到技术时，我喜欢问自己几个问题。

- 这项技术是否能帮我做更多我喜欢做的事并让我做更少我不喜欢做的事？
- 我是否确定我不是在为获得这个闪亮的新玩具找理由？这项技术是否能帮助我专注于真正重要的事？

技术应该为我的生活方式服务，而不是让我脱离我的生活方式。

提供明确的选择

由于我厌恶"当即"做出小决定这种行为，因此我非常努力地设置我的生活规则以规避它们。

当我处于最佳状态时，我会提前决定。我的选择范围变得相当狭窄，唯一的选择是"只做这件事，因为它是要做的最重要的事"。

这个选择的下一个最佳版本可能是："你想做这件事还是那件事？"

即使如此，我想要的也不仅仅是选项。

我想要的是使选择更加容易的有用建议。

想象一下，一名助理进入你的办公室，对你说："现在是上午9点。你想用接下来的40分钟撰写下一篇博客文章，还是打销售电话？"之后，他们更进一步，铺设了一个工作路径。

如果你想写文章，这里是你离开的地方，这里有为你想去的方向提供的一些想法。

或者，如果你想打销售电话，这里是3个人的名字、他们的电话号码，以及一些关于他们的说明。

我们之前在这个选择或那个选择之间举棋不定，但通过提供明确的选择，我们让选择变得更容易，并促使你采取行动。

决定过滤器

我的行动堆栈是一种"自动产生"决定的卓越方法。它们允许你把过去的一系列决定和行动变成一个简单的项目计划，用于不再需要大量考虑的可重复任务。

把它添加到堆栈中

我们都有推掉某些任务的倾向。

当然，使它更具挑战性的是这些同样可怕的任务往往会堆积起来。因此，它没有变成我们相当容易就可以完成的一些简单的事情，而是变成了一大堆我们必须拿出大量时间加以应对的拖延事项。

但这并不是我说"把它加到堆栈里"时所要表达的意思。

我会给你列举3个例子来说明我倾向于推迟到下一次的事情。

笔记

我不是一个善于在"当即"记笔记的人，我发现这一点让人分心。我更喜欢专心致志。

话虽如此，但我最好的笔记是在电话或会议结束后的前5～10分记的。

但我不想这样做。

我已经受够了那件事。我想继续做下一件事。

所以，笔记堆积如山。

清理

我只想吃这些东西。所以，当我做完饭，把饭菜准备好时，我的自然倾向是说"稍后我会清理干净"。

但是，能够享受这顿饭而无须为所有的清理工作发愁，这其中有一种令人难以置信的满足感。

我的大脑还经常将某种启动下一件事的迫切需求合理化。

结果就是，碗碟堆积如山。

更新

这有点像是一个总括性的标签，适用任何需要调整的事情。

每隔一段时间，我们的客户关系管理中软件中都需要添加或调整某样东西。也许是在一个过程中增加一个额外步骤，或者在情况发生变化时删除一个步骤。

同样，对我来说，做这件事的最佳时间是在我完成工作后的前5~10分钟，这时细节在我脑海中还记忆犹新。此外，我只是想去做我日程表上的下一件事。

所以，更新的内容堆积如山。

如果我不做笔记，要记住会议中真正发生了什么就会变得更加困难，而且我很可能会忘记关键信息。

如果我不进行清洁，清洁工作就会立即成为我稍后必须腾出时间去做的事情。

如果我不进行更新，下次我需要这些信息时，它就无处可寻了。

在所有情况下，我推掉的任务都会变成一个独立事件。

所以，我把它添加到堆栈中。

行动堆栈

行动堆栈是简单的、可重复的计划。

把行动堆栈想象成一张食谱卡。食谱卡告诉你：你在制作什么，你需要什么，以及这个过程中的所有步骤。

我在安排一场网络研讨会时，我有一个为这场研讨会准备的行动堆栈。

这个过程中的每一个步骤都列了出来。它告诉我需要做什么，并让我知道需要多长时间。

大多数食谱卡有2个关键的时间指标：准备时间和烹饪时间。

这永远不够。如果我仅仅根据他们列出的时间来计划我的烹饪时间，我就不会给自己留下任何机会进行清理。

我们需要在边缘地带留出时间，我们需要时间进行过渡。

这一时间，即准备时间，就列在食谱的一面，但在食谱的反面也会有准备时间。

我真的认为就是这么简单。

所有这些剩余的任务都不是独立存在的。它们是关键成分，而我需要把它们纳入这个过程之中。

在我的辅导电话结束时，我有意留出了10分钟来做笔记。任何会议都是如此。

我在做饭的时候，我不能跳到下一件事，我需要时间进行清理。

而我提到的那些更新只是我在每个行动堆栈中增加的又一个步骤："为简单的调整进行检查"。我猜这个步骤只增加了1分钟时间，也许是2分钟，但却在以后节省了大量的时间。

我认为，大多数被我们推到稍后做的事情实际上是任何小项目或任务的最后几个步骤。

葛文德带来的启示

阿图·葛文德[①]（Atul Gawande）在他的《清单革命》一书中分享了他将航空业使用的清单引入他的外科领域的经验[24]。

---

① 阿图·葛文德，白宫最年轻的健康政策顾问、影响奥巴马医改政策的关键人物、受到金融大鳄查理·芒格大力褒奖的医学工作者、《时代周刊》2010年全球100位最具影响力人物榜单中唯一的医生。——译者注

当然，你可能在想，"他们不是已经在使用清单了吗？"答案是：并不是。

尽管葛文德证明清单能够有效地减少感染、额外手术的必要性以及诸如死亡等其他棘手的并发症，但他仍然遇到了阻力。阻力大部分是来自那些自称"知道自己在做什么"的外科医生。

阻力

他分享的两件事打动了我。第一件事的观点是：我们不喜欢清单。葛文德在他的《清单革命》中指出：

> 使用清单在某种程度上让我们觉得有失身份，觉得尴尬。它与我们根深蒂固的信念背道而驰，即我们当中真正了不起的人，那些我们渴望成为的人，是如何应对高风险和高度复杂的情况的。

尽管如此，还是有大量的证据表明在各种情况下使用清单是有效的。

当然，我们可能知道如何做某事，但拥有一份清单消除了一定程度的认知负担。清单通过减少关键领域的错误提高了我们的成功概率。

我使用行动堆栈来管理我业务的许多方面。

它们是简单的、可重复的计划，是我们的清单。

事实上，当我组织最近一次网络研讨会时，我的行动堆栈帮我找到了一项出故障的关键技术，使我能够切换到一个备份系统，对此我也有一个行动堆栈。

并非每项任务都必须成为一次创造性的努力或一个应用我们专业技能的机会。

归根结底，我们有一项工作要做，很多时候，清单可以让这项工作更有效地完成。

第二件事是一架单引擎赛斯纳①（Cessna）飞机的发动机故障，这是葛文德在他所审阅的所有航空清单中发现的最吸引人的细节之一。

重新启动发动机涉及6个关键步骤。清单上的第一个步骤是"起飞"。

在任何人都会视为危急时刻的情况下，即使是最老练的飞行员也需要一个提醒才能"起飞"。

我们经常陷入我们的业务或个人生活中不起作用的事情，我们争先恐后地让事情重新开始，我们更多地关注即将发生的灾难，而此时我们首先应该做的最基本的事情是"起飞"。

清单可以在哪些方面支持你的工作？清单中的第一件事会是什么？

---

① 赛斯纳飞行器公司成立于1927年，是世界上设计与制造轻、中型商务飞机，涡轮螺旋桨飞机以及单发活塞式发动机飞机的主要厂商。公司总部位于美国堪萨斯州威奇塔市。——译者注

系统是服务的平台

行动堆栈改变了我的工作方式。为了使可重复的任务遵循简单的项目计划，行动堆栈变得非常有价值。在行动堆栈的众多好处中，我最喜欢的是：

- 不依赖我的记忆——它们卸下了简单的过程，因此我不必记住每个步骤。
- 得到改进的决策——通过预先确定每一个步骤，我把决策精力集中在其他事情上。

这些微型系统是为了帮助我们得到解放。

人们常常陷入系统循环中。他们使用清单只是为了浏览清单，而忘记了清单的真正作用。

系统是用于服务的

我们都有过这样的服务经历：有人在简单地浏览清单，他们甚至不看我们，也不听我们在说什么，他们没有意愿倾听或参与，他们只想进行逐一核对。

这方面最令人震惊的例子发生在医疗保健领域。

医生和护士被行政程序压得喘不过气，这种情况已经持续了相当长的时间。清单不是用来支持医护人员与病人的互动，而是往往缺乏常识。

在某些情况下，这一现实对真正的人际互动造成了障碍。

我们喜欢自己孩子的儿科医生。他和其他医生一样有很多事要做。他有一些需要在出诊时勾选的方框。但他做得很好的是，他将这些系统当作一个自己参与的平台。

他没有花时间待在屏幕后提问或用键盘打出回复，他不会猜测我们的孩子发生了什么。即使他那天已经听到了10次同样的抱怨，他也不会默认清单上的内容。

他需要完成的可重复的简单步骤并没有成为阻碍，而是给了他支持。他不允许清单主导互动。框架就在那里，框架允许他进行互动，并在刺激与回应之间的空间倾听关键信息。

你创建的任何系统、你采用的任何方法或者你运用的任何软件，都应该促进服务。它应该让你一直做重要的工作，并让你免于分心。

我使用行动堆栈或把成功放在我的道路上不仅仅是为了更高的生产效率，而是把它们作为一个服务平台。

我使用行动堆栈为客户服务，为家人服务，为我的业务目标和个人目标服务，并花时间与我爱的人一起做我喜欢的事。

我利用它们在一个心不在焉的世界里做出简单的决定，以此把我的时间和注意力放在重要的事情上。

行动小贴士

看看你的一周。

记住："如果你做某件事超过两次，它就需要一个系统。"

将你的过程自动化的机会在哪里？

步骤是什么？创建你的行动堆栈。

第八章
一个数字

在你的业务中，有一个点可以增加你的客户向你购买商品或服务的可能性。

如果你在经营一家餐厅，这个点可能是在顾客进门之后；如果你是一名顾问或教练，它可能是让某人预订一个"发现呼叫"业务，以根据你的具体需求定制你的下一步计划；如果你从事销售工作，它可能是打电话找一名决策者。

一旦这些行动开始，实现你更大目标的可能性就会增加。

关键是要确定一个数字，这个数字会促进你的业务实现最大的发展。

提示：它通常不是一个销售或收入数字。

你的一个数字是什么？

当我们在谈论这个数字时，它与你的首要目标不同，知道这一点很重要。例如，它不是你的收入目标。

你的一个数字是任何可以衡量的数字，它推动一个与预期目标相关的结果，并提高这一结果成功的可能性。

下面是一个例子：

- 你的目标是让30个人参加你举办的每一场研讨会。
- 你的一个数字是一天打10个电话。你打10个销售电话让人们坐进研讨会现场的座位。
- 如果你还没有达到30个人的目标，你可以将一天打10个电话这一数字提高。

目标、方法、努力

一个数字这一概念将我们倾向于归在一起的3个领域分开：

- 目标
- 方法
- 努力

我们的目标是爬一座山。

有几条路可以到达目的地，有些道路崎岖难行，有些并没有那么糟糕，另外一些则轻而易举就能到。我们选择不那么糟糕的那条。这就是我们的方法。

我们根据我们确定的方法进行一个月的训练，为我们的攀登做准备。这就是我们的努力。

人们往往担心他们的目标，而不会考虑选择一种方法。然后，他们在没有特定方法的情况下付出了大量的努力，结果发现自己无法实现自己的目标。

真正的诀窍是选择一种方法并坚持下去，直到你知道自己遇到的是"方法"问题还是"努力"问题。

你的一个数字

要做到这一点，你必须清楚地列出你的目标和方法。你的方法就在我们将找到你的一个数字的地方。

如果你的目标是每年收入12万美元，那么你的方法必须能够让你每月赚到1万美元。你的方法并不是每月的1万美元，因为那只是一个经过细分的目标数字。

比方说，你的辅导服务售价2500美元，这意味着你需要在一个月内有4个活跃的客户以达成你的目标。需要付出多少努力才能找到一个客户？你现在如何找到他们？你如何发现你的一个数字，就在这些问题的答案中。

如果是面对面的会谈，那么面对面会谈的数量就会成为你的一个数字；如果是后续联系，而你知道你并不擅长跟进，那么你最后衡量自己"成功"还是"不成功"的一个数字可能是"用7次以内的面对面会谈达成交易"。

自我尝试

你的目标是什么？你的方法是什么？你需要付出何种努力才能达成目标？

把它们写在某个地方：

- 目标
- 方法（这是你的一个数字）
- 努力

解决你的一个数字

你很可能不会立刻正确地选择你的一个数字。通常情况下，我们会随意选择目标衡量值，并将其误认为是方法数字。请记住：

- 目标是终点线——收入是一个目标，减重或增重是一个目标，书籍出版是一个目标。
- 一个数字是你达成目标的途径——售出50门课程是一种方法，步行2千米是一种方法，每天写500字是一种方法。

由你决定

这可能是需要花点工夫的事情，但你需要早点下功夫。优先事项管理的秘诀在于主要致力于那些能推动更大目标前进的任务。这指的不是把事情完成，而是把正确的事情完成。

选择你的**一个数字**，这一点很重要，哪怕你在一两个星期后改变这个数字。

行动小贴士

一项工作

因此，我们把这一点应用到营销上。

如果你是一位小企业主，营销就是你的责任。考虑到你的企业规模，你可以把这项任务委托给他人，但计划的所有权在你手中。

因此，你也知道你不是一个全职的营销人员。你需要为你的客户服务。

营销不是你的工作。因此，我们必须找到一个合理的平衡，并制订一个简单的计划，你可以据此持续采取行动。问问你自己：

你每周投入多少时间进行数字营销是**合理的**？

唯一错误的答案是零。

正确的答案会有所不同。

当然，你对你会完成的营销任务的期待必须与你可以花费的时间保持一致。

但你无须每时每刻都发布帖子来产生影响。一项工作背后的意图是帮助你将自己的注意力限定在人们应该采取的最重要的下一步行动上。这适用于你的网站主页或社交媒体上的帖子。

每个元素都应该有一项工作。这项工作应该是简单的，而且不应该试图让事情更复杂。

如果一切都被设定为专注于一项工作，你就可以建立一整套连贯的生态系统，专注于在沿途的每个点为人们服务。

例如，我的主页的首要工作是让人们点击按钮来预订一个"发现呼叫"。

我的主页上有许多元素，但都是针对"发现呼叫"的。

我本人的照片让人感觉放松但又体现了专业性。

视频是听取我的一些想法的一种途径。

你可能也注意到我在这里提到了我的课程"像度假一样工作"。但也要注意，我没有一个大的闪光按钮。

说实话，我不在乎你是否在这里购买我的课程。我用它作为一种社会证明，以某种方式证明我创造了我自己的东西，一种勉强称得上方法的东西。

一个数字（和一项工作）的真正美妙之处在于它的简单。它缩小了我们的焦点，使我们的努力协调一致，使我们更容易知道你是（或不是）在正确的道路上。

ATTENTION!

总

结

对你而言，这看起来是什么样子的?

此刻，你可能明白你应用这些概念的方式看起来会有所不同。我不知道对你来说把成功放在你的道路上会是什么样子，我也不知道哪些决定让你分心，或者哪些项目是你应该每天进行的。

我知道的是你想要变得更好，我知道你想把注意力赋予你的朋友和家庭、你的激情以及你的工作。

我知道你想要重新获得刺激和回应之间的空间，并以深思熟虑的方式引导你的时间、注意力和行动。

这始于审视阻碍你的一切，明确你想要什么，并做出简单的决定来实现你的目标。

寻找机会

我开始担心我所消费的信息对我的情绪和思想产生的影响。

我对新闻和信息的消费习惯已经变得被动了，姑且先用这个词，因为我找不到一个更好的词。

我注意到有3种具体的行为和习惯：

- 每当我开车时，我都会立即打开收音机，收听的通常是新闻和谈话类节目。
- 在等待什么的时候，在10秒钟内，我会拿出手机上下滑动屏幕。
- 在家里工作时，我经常会打开一个体育谈话节目，将它作为背景环境中的一种白噪声。

在任何情况下，我都没有让信息对我产生影响，我一直都是这么认为的。

我只是在毫无目的地填充寂静或打发时间。

我也会为自己的行为辩解。

我会告诉自己，我喜欢保持消息灵通，喜欢知道发生了什么，甚至说了解最新动态是我的责任。

我喜欢与世界保持联系。我喜欢随时做出反应并了解我的朋友和家人的情况。

但这些都不是在帮助我。

它们对我的业务或我的人际关系没有帮助，没有帮助我做出更好的决策或服务我的客户，也没有帮助我成为一个更好的父亲或丈夫。

它所做的是创造一个刺激和回应的循环。

我的反应通常是烦躁、沮丧和感到压力倍增。

我还注意到有多少次谈话始于"你听说发生了什么吗？"或"你听说某人今天说什么了吗？"或"你能相信是他们做了什么吗？"。

因此，我被动消费的信息不仅占用了我的时间，而且还产生了倍增效应。

我一整天都带着这些想法以及由此产生的任何情绪。

我把这些想法带到谈话中，表达同情并把这些信息和我的情绪传播出去。

当然，这一切都不是那么重要，也不是以一种可操作的方式存在的。

在那些时刻，我听到或了解到的信息都没有为我提供有用的指导。

所以，我把收音机关掉了。

现在我在沉默的状态中开车。我坐着，没有拿起手机，也没有打开背景噪声。

以下是我注意到的。

我需要知道的信息自己出现了。我也会花几分钟查看"新闻"。但这是根据我的条件来定，我可以进入，也可以出来。

沉默令人尴尬，但在漫长的驾驶过程中，各种想法涌入头脑，问题的解决方案就这样出现了，这些想法和解决方案使我更具创造力。

我离开工作（通常是对着电脑屏幕）的休息是真正的休息。我可以感觉到我的大脑得到了放松和休息。

因为我没有把自己置于源源不断的信息造成的压力之下，我可以更好地管理实际的压力。

我读得更多，写得更多。

当我和其他人在一起的时候，我是投入的。

我可以继续下去。

重获空间

我认为我们没有意识到自己所处的消费和反应的持续循环。

如果我们意识到了，那么我们还没有接受它对我们心理产生的真正影响，更不用说它对我们的时间产生的影响了。仿佛我们已经将它对我们产生的影响作为"事实"加以接受。

也许是"喧嚣"的不断出现让我们认为"喧嚣"无伤大雅。

也许是我们看到周围的人脸上有同样的疲惫表情，所以我们认为"这发生在每个人身上，所以它一定是正常的"。

但我们需要那个空间。

当我们允许沉默的时候，我们为各种想法的进入创造了一个空间。

当我们消除了持续信息的噪声，我们的目标就会更加清晰地凸显出来。

当我们腾出时间时，我们就获得了时间。

正是在这个空间里，我们做出了最佳的决定。

以成功为基础再接再厉

你已经在生活中经历了成功，无论成功大小并不重要。利用你取得的成功来确定你把成功放在你的道路上的方式。

也许其中一个听起来很熟悉：

- 你找到了一份工作。
- 你买了一栋房子。
- 你瘦了一圈。
- 你创办了一家企业。
- 你离职了。
- 你找到了一个客户。
- 你跑了5千米。
- 你连续两周每天都在写作。

你可以在所有这些例子中发现成功，更重要的是你可以发现让成功实现的行动。

而在这里，从失败中学习并没能让我们获得成功，让我们有成就感的是成功本身。

我们来看一看最后一个例子：连续两周每天写作。

如果你和我一样，你的目的可能是写作时间长于两周。但你并没有实现。这没关系。

如果只写了14天就停止，我们可能认为这是失败。事情发生了，生活现实就是这样。不管怎么样，我们没有继续下去。还有什么新鲜的（我脑子里的声音这样说道）？

你在14天里每天写作，我认为我们可以从你如何做到这一点中学到更多东西，而不是关注第15天出了什么差错。

在任何时候，只要你能把一系列连贯的行动串联起来，你就是在为个人成功建立一种方法，即使你没有一路走下去。

始终带着问题

每一个成就中都有一系列的行动。你采取了一些步骤让成就成为现实。那是什么样子的?

- 你做了什么?
- 为了做到这些，你为自己准备了什么?
- 之后你又做了什么?

所有这些问题都假定你掌握着控制权。

"你做"和"你准备"，这就是所有权。是的，我们也可以拥有自己的成功。

因此，也许你的答案是这样的:

- 我早半个小时起床。
- 我把它放进我的日程表。
- 我坐在一个安静的地方。
- 我准备了咖啡。

- 我并不担心自己在写什么。我只是写了。
- 我每天下午为第二天写出10个想法。
- 我手头总是有一支笔和一个笔记本。

你所列的任何清单都可能包含重要的线索和产生你的结果的行为模式。

至少，它们是用于重启任何你可能已经完成的事情的简单流程。最好的情况是，它们是一张你可以用于其他目标的地图：

- 提前决定我将做什么。
- 将这件事列进日程表。
- 准备好我需要的东西。

你是否看到这张地图开始变成一个成功的框架？这不是所有的，也不是万无一失的。

但你做得越多，把这些行动串联起来的时间越长，你就会有更多的发展基础。

把成功放在你的道路上以及我分享的任何框架的目标都是帮助你构建你人生的各个领域，让你能够自由地做或追求你人生中重要的事情。

如果这是更多的工作，这就是事实。

如果这是花更多的时间与你的家人在一起，那也很好。

如果你想花更多时间阅读，我支持你。

无论你想做什么或者你希望得到什么，我都希望你会发现简单的决定是多么强大。

系统为你服务

这一点我怎么说都不为过。不仅仅是为了更大的目标，而且是为了每时每刻。

当我把成功放在我的道路上时，并不是为了有一天我能够完成一场铁人三项。

我把成功放在我的道路上，以便我能够在面对巨大的干扰时做出简单的决定。我这样做是为了把我的注意力引向日常行动，正是这些日常行动让我为完成铁人三项做好了准备。

看到区别了吗？

这个系统支持你，让你现在能够重新获得你的时间和注意力。

我不确定你的目标是什么，而且，在听起来没有轻蔑之意的情况下，这并不重要，重要的是你现在是否在为实现这些目标而努力。

在路上

我正在缅因州波特兰市我最喜欢的咖啡馆巴德咖啡（Bard Coffee）里。尽管我离开了办公室，身处另一个环境，但我的一天看起来并没有什么不同。

我的日常工作表是前一天晚上填好的，我的笔和带有空白页的工作表就放在我的笔记本电脑旁边，我已经为我的前3个项目设置了计时器，我的一天已经开始一个小时了。

除了戴上一副耳机以屏蔽繁忙的咖啡馆里的一些干扰外，我的工作看起来基本相同。这个系统是便携式的。

🔲 为什么

同样的系统，加上为了准备出门的包额外花的几分钟，可以为一个更大的目的服务。

这不仅仅是因为我要离家开始这一天的日程，我还需要在路上保持高效率。在这一刻真正支持我的系统是我一天例行程序的结束，它就是"昨晚的自己"。

我做准备并把包准备好，这使我能够专注于把孩子们送到学校。做好了准备工作，这样我就可以和我的孩子们在一起，不必担心满屋子找东西了。

做好了准备工作，让我能够坦然面对睡懒觉的人（我的孩子们）和他们放错地方的家庭作业。

如果我很烦躁，或者我的事情没有完成，或者没有准备好，我怎么能给予我的孩子们关注呢？

我怎么能高高兴兴地把他们送去上学呢？

有时候，系统很简单，在这种情况下，我在前一天晚上做准备的情感原因也很简单。但这丝毫没有降低系统的重要性。

系统是为了服务我们而存在的。

📇 消防车

我最好的朋友马修是纽约市的一名消防员。是的，"9·11"事件发生那天他在现场。他现在退休了，在缅因州过着较为简单的生活。

马修还是一名紧急医疗技术员（Emergency Medical Technician，缩写为EMT）。他非常适合这项工作。他具备许多独特的品质，但其中的两种品质在他的角色中对他帮助极大。

第一种品质是他评估情况、确定需要什么并采取行动的能力。你可以想象这对一名消防员或紧急医疗技术员来说是多么宝贵和必要。第二种品质（我认为这是他在第一种品质上表现得如此突出的原因）是他建立为自己服务的系统的能力。

马修总是能够设计自己所处的环境，使其适应自己的需要，这种设计经常入侵我们大多数人认为理所当然的现有系统。他购买了几块泡沫来重新改造他的新消防车的驾驶座，以更好地满足他的需求并提供更好的舒适度，但我跑题了。

马修还是一位艺术家。我见过他坐在他的艺术桌前，展示他需要的每一件工具是如何触手可及的。每件工具都经过他的深思熟虑，根据他的使用频率，考虑到用途和效率而精心放置。

他在打造成功所需的环境方面所花的心思令人惊讶。在他心中，每次他坐在桌前，他都想做他的艺术工作。因此，空间的设置必须为这个目的服务。

在一台消防车上，有两件事是我们可以确定的：

- 每件设备都有一个用途和一个位置。
- 在一天结束的时候，消防车被重新设置，并为下一次调用做好准备。

消防车、它的设备以及无数的程序就是马修的系统。

它们是把成功放在你的道路上的一个杰出示例，但不仅仅是因为你认为的那些原因。

消防车的"原因"似乎很清楚，它的目标是灭火。

但请等等，还有更多原因！

在这之前，在火被扑灭之前，这个系统的目的不是为了灭火。

消防车把成功放在道路上的方式是，它们支持消防员做必要的工作，从而完成灭火的目标。这是一个重要的区别。

每辆消防车的用途和它所携带的设备都是不同的。

某些消防车是用来运水的；其他消防车是用来到达高处的。这就是它们的用途。每辆消防车都是为一项更大工作的一部分而设计的系统。它专注于支持消防员需要完成的工作：

- 控制火势。
- 让所有人安全撤离。
- 治疗沿途受伤的人。
- 灭火。

拥有一个看得见的目标显然很重要。但是，明白需要做什么并建立起做这些事情的系统至关重要。因为毕竟你必须做这些工作。

如果你不做这些工作，你的目标就没有任何意义。因此，建立这些系统是为了帮助你做出当时最好的决定并采取最有效的行动。

如果你想成为一名作家并出版一本书，你可能要坚持每天写作。

因此，你把成功放在你的道路上的方式就必须首先以每天写作为中心，而不是出版那本书。

如果你想变得更加健康，你就必须吃对你更有益的食物。

因此，你必须首先建立把成功放在你的道路上的方式，以此支持进入你的购物车的东西，因为在食物入口之前，你必须购买正确的食物。

结束或开端

到目前为止，你已经明白，你正处于一个崭新事物的开端。

随着你工作、实践、评估、舍弃和完善，你会发现你自己的系统建立在这些基础之上。

你也很可能会偏离方向，变得有点笨拙。

也许你已经因为某种原因忽略了其中的部分内容。

我会鼓励你重新开始，接受笨拙，就像学习乐器时按错了音符一样。

如果你已经忽略了它，我想挑战你，让你考虑一下是什么阻碍了你。这个过程确实变得更容易了。它变得更加自然，成为你如何看待挑战和机会的一部分。

这就是你的系统。

我不能准确地定义 **把成功放在你的道路上** 在你看来是什么样子。这是由你去塑造的。你以前已经塑造过了，都在那里了。

工作仍然是艰难的，但你建立的系统应该支持你的每一天，并长期支持你的工作。

有时候，尽管我们做出了最大的努力，但我们的计划还是会失败。我们开始落入旧习惯。我们甚至可能发现自己因为再次失败而充满了怀疑或羞愧。

这种情况可能如滚雪球般愈发严重。随着一次失败的努力带来的影响越来越大，很快一切又感觉偏离了轨道。相信我，我对这一点非常了解。

指导自己返回

在理想的情况下，我为你制定的框架将帮助你保持对目标的专注。它将帮助你提高效率，减少令你分心的事物，并帮助你重新掌握你的注意力。

但是，说实话，没有什么是理想的。我们会遗忘，会错过一天，会脱轨。但是，当我们尝试任何值得做的事情时，都需要练习。

坚持计划

人们未能完成新年愿望的原因有很多。我们的内心充满了日程表上的变化带来的兴奋感。我们倾向于冲动行事，我们对新生活夸夸其谈，并试图抓住一些完全遥不可及的东西。

这是失败的原因。在"重大变化"的第10天（或者第14天，甚至第20天），当想法不再新鲜和闪亮的时候，我们的注意力往往会不再集中。我们犯了一些错误，之后又犯了更多的错误，然后我们就放弃了。

在这种情况下，冲动行事会伤害我们。我们没有花时间考虑我们做出改变的背景。

此外，夸夸其谈并不能帮助你保持负责任的状态，夸夸其谈实际上对你不利。你在感恩节向你的亲戚宣布你要跑一场马拉松。他们的反应将是敬畏、骄傲和鼓励。这种反应几乎和你刚刚完成马拉松时收到的反应是一样的。它欺骗你的大脑，让你觉得自己已经完成了马拉松。

试图抓住遥不可及的东西并没有错，但如果你想把遥不可及的东西握在手中，你可能需要一把梯子。

那么，我们如何从这类失误中重新振作呢？

🔲 **提问：回归反思性实践**

早些时候，我们谈到了专注于亮点的问题。如果你和我一样，那么你很早就已经在某处出现失误了。你也经历过一些不那么友好的自我对话，头脑中很可能会有一系列自我批评的交流。但事实是，你已经坚持了10天，那是10天的承诺。

与其剖析你为什么不能坚持11天，不如弄清楚你如何坚持了整整10天。

- 过去10天里有哪些事情进展顺利？
- 我在每一天之前和每一天期间都做了什么？
- 我做了什么让我坚持自己的计划这么久？
- 为什么我认为那些事情进展很顺利？

列出事情出错的所有原因是很容易的。但一个5~10分钟的简单练习可以让你了解事情顺利的原因。你是如何坚持这么久的？这个问题的答案为你重回正轨打下了一个基础。

重新审视反思性实践

反思性实践是一个我们试图融入我们人生的习惯。

接受我辅导的客户之所以偏离他们的计划，通常是因为他们没有给自己足够的时间。被忽视最多的两个方面是：

- 反思性实践。
- 计划——清除障碍（把成功放在我的道路上）。

反思性实践听起来需要很多时间。虽然它可以这样使用，但也有一些方法可以让我们以简单的方式将它添加到我们的日常流程之中。

📋 给自己空间和一丝静谧

我们几乎在每一个清醒的时间里都塞满了某种形式的行动或分心。

这些都是扰乱我们思想的噪声，虽然我们认为它让我们放松，但数据显示并非如此。它使我们持续处于一种对外部刺激进行分类的状态，并对我们的大脑造成负担。

我们需要一丝静谧，让我们可以深入思考，并让我们理清思绪。

小型反思性实践练习：回归RIRA

认识你一天中的这些时刻：你将手伸向令你分心的事物，比如手机、收音机或电视机（尤其是在你没有坐着收看的时候）。

用一个诸如"**停止**！"这样的词来打断，从而抓住自己的注意力。

通过挑选一个你一直在思考或疑惑的话题或想法，**重新集中注意力**。问问你自己，你认为自己在X目标或Y目标上的表现如何。你从哪里开始几乎不重要，因为你的大脑会把你带到其他地方。重点是让自己在沉默中思考片刻，不要分心。

行动，或者在反思性实践练习中，不要行动。我最喜欢的一句话是由我的一个朋友分享的："不要只是做某事，而是要以旁观者的眼光站在那里思考片刻。"重点是不要因为需要忙碌而行动。

对于和我一起工作的许多人来说，这可能比听起来更难。我注意到自己多次在车内仅仅沉默了几分钟后就伸手打开收音机。

在这些沉默的时刻，倾听你的成功发出的声音，而不是批评者的声音。

🔲 其他情况

另一种常见的情况是，在事情进展顺利的几个月后，事情变得复杂起来。你发现自己跳过了事情发展过程中最重要的一些部分。

你已经很有规律地遵循这个过程。你明白这一点，而且你已经建立了一些令人印象深刻的方法让自己持续工作。你已经在为大目标中的小目标而努力。事情进展得相当顺利。顺利到你开始有一点作弊行为，不那么严格地遵循你的计划。

造成这种情况的原因多种多样，但以下是我观察到的一些原因。如果人们的目标与健身、财务或日程安排有关，他们一看到有一点回旋的余地，就会立刻想办法填上这个缺口。

你有严格的预算来存钱买房子，但你发现你做得非常好，可能会有买一辆新车或因冲动而购买一件商品的想法。毕竟，你做得这么好，你应该享受一下。你告诉自己，你会回到正轨。

健身和健康目标也是如此。我们很想为我们迄今为止的进步奖励自己，并表现一些作弊行为。

当我们发现自己更能控制自己的时间表时，我们又开始把它们填满，我们对自身目标之外的事情说"是"，允许它们影响我们的目标。

这就是现实。

解决办法与我刚才所述非常接近。

我们在目标上作弊的情况时有发生。当我们没有花足够的时间和注意力进行评估（通过反思性实践）和计划（把成功放在你的道路上），我们就会忽视我们与目标的位置关系。

我已经概述了一种重新审视反思性实践的方法。所以，让我们专注于把成功放在你的道路上。

在"清理甲板"的过程中，行动的焦点是清除决定。你清除令自己分心的事物，明确自己到底需要什么才能实现会将你带往更大目标的那些行动，你正是以这样的方式把成功放在你的道路上。

这需要时间，但不需要很多时间。

在每天结束之际，我都会对自己所完成的工作进行一次简单的回顾。我仔细查看我在这一天中做的所有笔记，并把它们移到适当的位置。然后，我打开日程表，拿起一张新的工作表，列出我第二天的计划。

这一切只需10分钟，很少会超过20分钟。

你不需要以完全相同的方式来完成这个过程。关键是要花时间做：

- 回顾——这也是反思性练习。
- 决定——在你不得不做出决定之前（当即）做出决定，以此改善你的结果。

- 准备——把你完成项目或任务所需的一切都安排好，这会减少分心和借口。

在这个过程中，大多数人发现，他们之所以偏离了他们的计划，是因为他们不再花时间做准备，旧习惯又回来了。当你开始获得一些控制力时，就会发生这种情况。你认为，我已经明白了这一点。这正是你易受影响和旧的习惯悄悄出现的时候。

保持你一天结束时的习惯，给自己时间进行回顾。

同样，当你偏离轨道时，首先要关注的问题之一不是行动、项目或任务本身。而是你在行动、项目或任务之外给自己的时间进行重新设定。你需要没有干扰的安静时刻。你需要时间进行思考，你需要时间每天做回顾、决定和准备。

运用简单决定的力量来收回你的时间和注意力。

参考文献

1.Schwab, K. (2017, July 7) 'Nest founder: "I wake up in cold sweats thinking, what did we bring to the world?" ' *Fast Company*, www. fastcompany. com/90132364/nest-founder-i-wake-up-in-cold-sweats-thinking-what-did-we-bring-to-the-world.

2.出处不详，见https://quoteinvestigator.com/2018/02/18/response/.

3.CareerBuilder (2017) 'Living paycheck to paycheck is a way of life for majority of U.S. workers, according to new CareerBuilder survey,' http:// press.careerbuilder.com/2017-08-24-Living-Paycheck-to-Paycheck-is-a-Way-of-Life-for-Majority-of-U-S-Workers-According-to-New-CareerBuilder-Survey.

4.Gladwell, M. (2011) Outliers: *The Story of Success*, New York: Back Bay Books; reprint edition.

5.出自托马斯·爱迪生，见https://quoteinvestigator.com/2012/07/31/edison-lot-results/.

6.Baumeister, R.F., Bratslavsky, E., Muraven, M., and Tice, D.M.(1998) 'Ego depletion: is the active self a limited resource?' in *Journal of Personality and Social Psychology*, 74 (5), 1252–1265, Case Western Reserve University, Cleveland, OH.

7.Achor, S. (2010) *The Happiness Advantage*, New York: Broadway Books.

8.Vohs, K., Baumeister, R., Twenge, J. et al. (2005) 'Decision fatigue exhausts self-regulatory resources – but so does accommodating to unchosen alternatives,' https://web.archive.org/web/20111004053220/ https:/ www.chicagobooth.edu/research/workshops/marketing/archive/ WorkshopPapers/vohs.pdf.

9.Lewis, M. (2012, October) 'Obama's way,' *Vanity Fair*, www. vanityfair. com/news/2012/10/michael-lewis-profile-barack-obama.

10.Dewey, John (1998) [1933]. *How We Think: A Restatement of the Relation of Reflective Thinking to the Educative Process*, Boston: Houghton Mifflin.ISBN 978-0395897546. OCLC 38878663.

11.Allen, D. (2001) *Getting Things Done: The Art of Stress-Free Productivity*, New York: Viking.

12.Wilson, G. (2005) Info-mania, King's College London, www.drglennwilson. com/Infomania_experiment_for_HP.doc.

13.Thaler, R.H. and Sunstein, C.R. (2009) *Nudge: Improving Decisions about Health, Wealth and Happiness*, New York: Penguin Books.

14.Florez, MaryAnn Cunningham (2001) 'Reflective teaching practice in adult ESL settings'in *ERIC Digest*, ERIC Development Team, https:// files.eric.ed.gov/fulltext/ED451733.pdf.

15.Heath, C. and Heath, D. (2010) *Switch: How to Change When Change Is Hard*, New York: Broadway Books.

16.布雷泽尔顿触点中心，见https://www.brazeltontouchpoints.org/.

17.美国大哥哥大姐姐计划，见www.bbbs.org/.

18.Helmreich, W. (2013) *The New York Nobody Knows: Walking 6,000 Miles in the City*, Princeton, NJ: Princeton University Press.

19.在我于2019年撰写本书时，他尚未赢得美国高尔夫球大师赛冠军。

20.罗里·麦克罗伊，引自https://inews.co.uk/sport/golf/rory-mcilroy- plotting-low-key-route-masters-redemption-527050.

21.Norton, M.I. and Gino, F. (2014) 'Rituals alleviate grieving for loved ones, lovers, and lotteries,' in *Journal of Experimental Psychology*, 143(1), 266–272, American Psychological Association.

22.DeSteno, D. (2018) *Emotional Success: The Power of Gratitude, Compassion, and Pride*, New York: Eamon Dolan Books/Houghton Mifflin Harcourt.

23.阿基米德名言的普遍翻译。

24.Gawande, A. (2010) *The Checklist Manifesto*, New York: Metropolitan Books.